DeepSeek
实用操作指南

入门、搜索、答疑、写作

李尚龙　著

提升版

四川人民出版社

图书在版编目（CIP）数据

DeepSeek实用操作指南：入门、搜索、答疑、写作：
提升版 / 李尚龙著. -- 成都：四川人民出版社, 2025.
4. -- ISBN 978-7-220-13387-9

Ⅰ. TP18-62

中国国家版本馆CIP数据核字第20253Y5Y06号

DeepSeek SHIYONG CAOZUO ZHINAN: RUMEN、SOUSUO、DAYI、XIEZUO (TISHENG BAN)

DeepSeek 实用操作指南：入门、搜索、答疑、写作（提升版）

李尚龙　著

出 版 人	黄立新
策划统筹	蒋科兰
责任编辑	朱雯馨　李昊原　孙　茜　张新伟
版式设计	张迪茗
封面设计	张　科
责任印制	周　奇
出版发行	四川人民出版社（成都三色路238号）
网　　址	http://www.scpph.com
E-mail	scrmcbs@sina.com
新浪微博	@四川人民出版社
微信公众号	四川人民出版社
发行部业务电话	（028）86361653　86361656
防盗版举报电话	（028）86361661
照　　排	四川胜翔数码印务设计有限公司
印　　刷	成都兴怡包装装潢有限公司
成品尺寸	145mm×210mm
印　　张	8.5
字　　数	160千
版　　次	2025年4月第1版
印　　次	2025年4月第1次印刷
书　　号	ISBN 978-7-220-13387-9
定　　价	69.90元

在数字化浪潮席卷全球的当下，人工智能（AI）技术正以惊人的速度渗透到各个领域，政务工作也不例外。DeepSeek作为一款具有划时代意义的AI助手，不仅在科技领域引发了广泛关注，在政务工作中也展现出强大的赋能作用，为政府部门带来前所未有的高效与便捷。

在公文写作方面，DeepSeek可以为党政机关工作者提供强大的支持。公文写作是党政机关工作中不可或缺的一部分，它不仅是信息传递的工具，更是政策制定、工作部署的重要载体。然而，传统的公文写作方式往往面临着诸多挑战，如资料收集耗时耗力、格式规范易出错、语言表达须斟酌等。DeepSeek的出现，如同为公文写作带来了"智能引擎"，让这一工作变得更加高效、精准、规范。

DeepSeek具有强大的数据处理和文本生成能力，能够根据用户输入的关键词、主题和要求，快速生成公文初稿。它内置了丰富的公文格式模板，涵盖了各种常见的公文类型，如通知、报告、请示、批复等，能够确保公文的格式正确无误。同时，

DeepSeek 还能够为用户提供准确、简洁、庄重、得体的语言表达建议，帮助工作人员优化公文的文字质量。

除了公文写作，DeepSeek 在其他政务工作中也发挥了重要作用。在数据分析方面，DeepSeek 能够整合来自不同部门、不同系统的数据，打破数据孤岛，为政府决策提供有力支持。例如，某市某区通过 DeepSeek 整合了 12 个部门的 34 个系统，实现了数据的实时互通，材料重复提交率下降了 82%。在民生服务领域，DeepSeek 可以对市民的诉求进行分析，了解市民对政府工作的满意度和意见建议，帮助政府部门及时调整工作策略，提高民生服务的质量。在官方媒体运营方面，DeepSeek 也展现出了强大的能力。它能够基于大数据分析，帮助官方媒体了解受众的需求和兴趣点，从而制订内容策略。在短视频文案创作方面，DeepSeek 可以根据不同平台的特点和用户需求，生成适配的内容，帮助官方媒体在短视频平台上获得更高的播放量和互动量。

DeepSeek 的成功应用，不仅提高了政务工作的效率和质量，也为政府部门带来了新的工作模式和思维方式。它如同一位"智能助手"，在政务工作的很多环节都能发挥重要作用，为政府部门更好地服务人民和社会提供有力支持。随着 DeepSeek 技术的不断发展和完善，相信它能为政务工作注入更多的活力和智慧。

那么，DeepSeek 是如何进入人们的视野的呢？

硅谷一年一度的未来科技峰会（Global AI Pitch Summit Silicon Valley）是科技界的大事件，各大巨头、创业公司、风险投资人都会参与。很多人以为今年的焦点依然是那些耳熟能详的 AI 产品，比如 ChatGPT（Chat Generative Pre-trained Transformer，一种聊天机器人模型）或 Gemini（人工智能模型）。然而，峰会第二天，一场突如其来的"AI 挑战赛"却彻底改变了这个节奏。

主办方即兴安排了一个 AI 项目演示环节，各公司需在短时间内利用 AI 完成一个极具挑战的任务——分析、整合海量图片、视频和文字数据，生成一份完整的市场研究报告。要求报告不仅要有准确的分析，还要插入可视化图表，并提出具体建议。很多团队都表现不错，但进展缓慢。就在大家焦急等待的时候，DeepSeek 登场了。

据参会人员透露，DeepSeek 以其高效的数据整合能力，在短时间内完成了一份高质量的报告，涵盖市场趋势、潜在风险和未来机遇，甚至给出了多维度的视觉分析图。更令人震惊的是，它自动生成了一段 3 分钟的视频演示，将复杂的数据变得直观且清晰。现场一片哗然，有些人甚至忍不住鼓掌。

之后，我听说峰会结束当天，几家科技巨头的代表直接找到

DeepSeek 团队，询问合作意向，其中一家甚至当场开出了 8 位数金额的投资邀请。

DeepSeek 自发布后，在北美市场引起了巨大轰动。DeepSeek-R1（一个大语言模型）以其高效且低成本的优势，迅速成为行业焦点。

DeepSeek-R1 的发布引起了市场广泛关注，并被认为可能影响 AI 领域的竞争格局。与此同时，美国科技股也经历了显著波动，其中英伟达（NVIDIA）股价在当日下跌，市值出现调整。

DeepSeek 的成功引发了媒体对美国在 AI 领域主导地位的质疑。《华尔街日报》评论称，DeepSeek 的崛起证明了美国补贴和制裁政策的局限性，强调美国需要这样的竞争对手来激励自身进步。

此外，DeepSeek 的开源策略也引发了行业的广泛讨论。其 AI 助手在苹果应用商店的下载量超过了 OpenAI（美国开放人工智能研究中心）的 ChatGPT，登上免费应用榜首。这一现象引起了美国 AI 公司的高度关注，纷纷在财报电话会议上讨论 DeepSeek 的影响。

总的来说，DeepSeek 的出现不仅震撼了北美市场，也促使行业重新审视 AI 发展的成本结构和竞争格局。这为全球 AI 领域带来了新的思考和挑战。

一个有趣的小插曲是，在当晚的峰会晚宴上，一位硅谷风险投资人对 DeepSeek 团队开玩笑说："你们就像 AI 世界的超级英雄，刚刚拯救了我的投资回报。"

现在你知道它有多特别了吧？也应该明白为什么我要写这本书了。

DeepSeek 绝不是普通的 AI 工具，它将改变我们每个人的生活方式。和我们熟悉的 ChatGPT 或 Claude（大型语言模型）不同，DeepSeek 拥有更强的多模态能力和智能整合优势，这不仅意味着它能生成文字，还能轻松理解和处理各种形式的数据，比如图片、表格、音频、视频等。它的应用潜力早已突破了单一领域，逐渐渗透到日常生活的方方面面。

未来，DeepSeek 可能成为越来越多中国人学习、工作和娱乐的得力助手。

学生可以用它整理课程笔记，将零散的学习资料一键整合成高质量的报告或复习大纲，轻松应对考试和课题研究。

设计师无须长时间构思，只须上传几张草稿或几句简单的描述，DeepSeek 就能生成多种风格的设计稿，节省大量时间。

市场分析师能够借助 DeepSeek 分析海量的行业数据。DeepSeek 不仅能提供精准的市场洞察，还能自动生成可视化数据图表和决策建议。

企业高管则可以通过 DeepSeek 实时跟踪公司运营情况。DeepSeek 能自动生成周报、月报，甚至预测市场风险。

更重要的是，它的应用并不限于工作或学习。未来，你或许只需要说一句话，它就能帮你规划一场旅行、推荐健康膳食方案，甚至指导你健身。

DeepSeek 不只是一个工具，它正在成为一个"无所不在的智能助理"，为中国家庭和个人的生活带来真正的变革。所以，我们学会使用它，不仅是为了紧跟 AI 时代的步伐，更是为了抓住未来的机遇，让自己在智能时代占据主动。

正因如此，我邀请你跟随我一步步探索 DeepSeek 的无限可能，让它成为你未来不可或缺的好伙伴。

目录

CONTENTS

第三章　DeepSeek 的深度定制与高效协作

第四章　解锁 DeepSeek 的 7 大使用技巧

第五章　DeepSeek 助力公文写作

第六章 DeepSeek 可以辅助的其他政务工作

第一章

DeepSeek
入门与基础应用

DeepSeek 的成立与特点

DeepSeek 公司（杭州深度求索人工智能基础技术研究有限公司）是一家中国的人工智能公司，由梁文锋于 2023 年成立，总部位于杭州。该公司以开发开源大型语言模型（Large Language Model，LLM）而闻名，其最新模型 DeepSeek-R1 在性能上可与 OpenAI 的 GPT-4o 媲美，但训练成本仅为约 560 万美元，显著低于其他同类模型。

在底层逻辑方面，DeepSeek-R1 采用了与 GPT-4o 不同的技术路径。具体而言，DeepSeek-R1 使用了强化学习技术进行"后训练"，通过学习"思维链"（Chain of Thought，CoT）的方式，逐步推理得出答案，而不是直接预测结果。这种方法使模型的推理能力得到了极大的提升。

此外，DeepSeek-R1 采用了"专家混合"（Mixture of Experts，MoE）架构。这是一种模型架构，旨在通过激活不同的专家子模型来提高模型的性能和效率。这种架构使得 DeepSeek-R1 在处理特定任务时能够调用最适合的专家子模型，从而提高推理效率和准确性。

相比之下，GPT-4o 主要基于传统的 Transformer 架构，依赖于大规模数据训练和人类反馈调整，以提高模型的性能。这种方法虽然在多种任务上表现出色，但在推理过程中并不展示中间的思考过程。

总的来说，DeepSeek 通过采用独特的训练方法和模型架构，实现了高效的推理能力和较低的训练成本，与 GPT-4o 相比，展现了不同的技术优势和应用前景。

DeepSeek 与 GPT-4o 的主要底层逻辑差异总结如下：

表 1

维度	DeepSeek（DeepSeek-R1/V3）	GPT-4o
模型架构	使用专家混合架构，通过激活不同的专家子模型，提升推理效果与效率。	主要基于 Transformer 架构，以大规模数据和深度学习为核心，通过统一架构应对多任务。

续表

维度	DeepSeek（DeepSeek-R1/V3）	GPT-4o
推理逻辑	强化学习加思维链推理，模拟人类的逐步推理过程，允许中间步骤推导。	主要依赖于直接输出预测结果，不展示明显的中间推理过程。
训练方式	低成本训练，通过优化数据集和专家混合机制降低计算资源需求（训练成本约560万美元）。	高成本训练，依赖大规模算力和人类反馈调整，训练成本显著高于 DeepSeek。
任务处理能力	动态调用合适的专家子模型，针对不同任务进行精细化处理，效率和准确度更高。	同一模型处理所有任务，适应性强，但特定任务的效率可能不如 DeepSeek。
应用场景	强调在特定领域或任务上的深度应用（如医疗、法律等领域）。	更加偏向于通用型任务，例如文本生成、语言理解、代码生成等广泛应用。
创新特性	支持中间步骤输出（解释过程），更贴合需要逐步推导复杂的任务。	注重大规模数据训练的全面性能，但中间推导过程透明度较低。

总之，你可以把 DeepSeek 想象成一个超级助手，特别是超级中文助手，因为它的中文能力比 ChatGPT 强太多了：

- 不会写邮件？它不仅能帮你写好，还能优化语气。

- 要写报告？它能帮你整理数据、列提纲、润色内容。

- 想学编程？它能直接帮你写代码，甚至调试错误。

- 需要翻译？它不仅能翻译得准确，还能优化表达。

换句话说，DeepSeek= 智能写作助手 + 语言翻译助手 + 编程顾问 + 信息整理专家。

一、如何注册和登录

步骤如下：

第一步，打开 DeepSeek 官网：https://www.DeepSeek.com/。

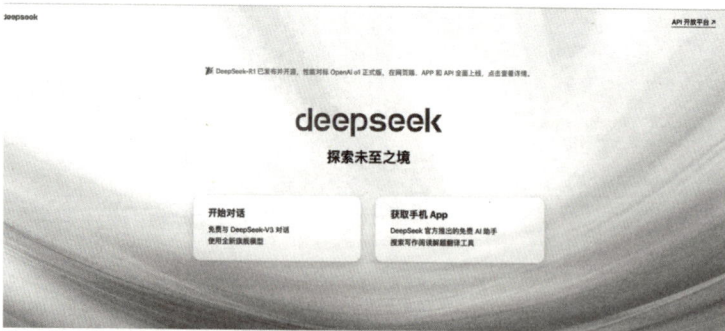

▲ 图1

第二步，点击“注册”按钮，使用手机号注册即可。

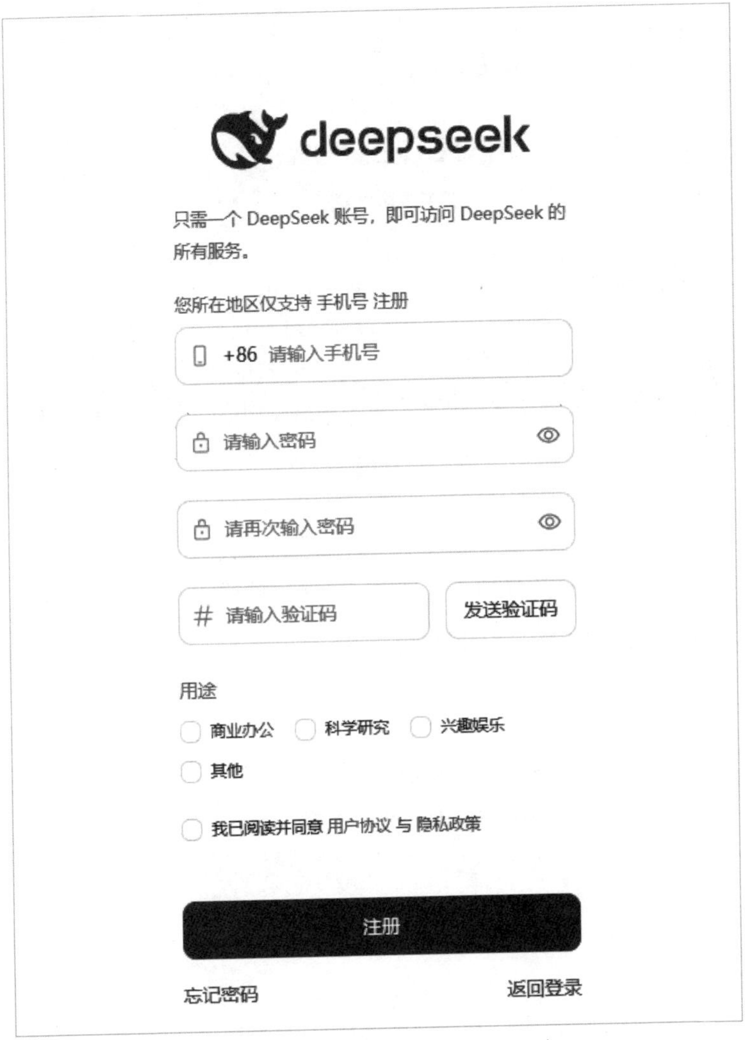
deepseek
只需一个 DeepSeek 账号，即可访问 DeepSeek 的所有服务。
您所在地区仅支持 手机号 注册
+86 请输入手机号
请输入密码
请再次输入密码
请输入验证码
发送验证码
用途
商业办公
科学研究
兴趣娱乐
其他
我已阅读并同意 用户协议 与 隐私政策
注册
忘记密码
返回登录

▲ 图 2

第三步，点击"开始对话"，或者下载手机 App。

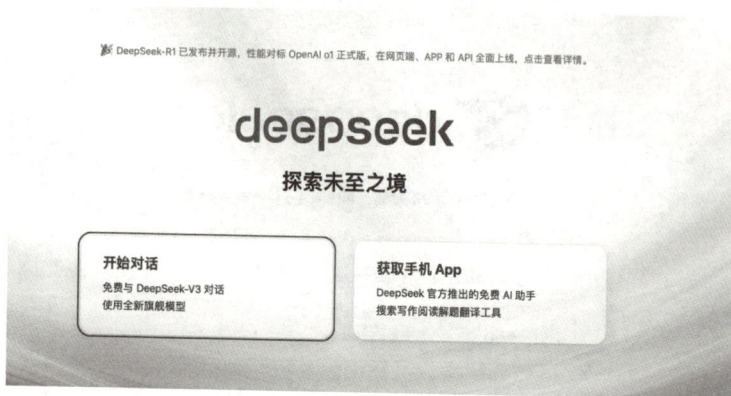

🎉 DeepSeek-R1 已发布并开源，性能对标 OpenAI o1 正式版，在网页端、APP 和 API 全面上线，点击查看详情。

deepseek

探索未至之境

开始对话
免费与 DeepSeek-V3 对话
使用全新旗舰模型

获取手机 App
DeepSeek 官方推出的免费 AI 助手
搜索写作阅读解题翻译工具

▲ 图 3

第四步，你会看到一个对话框，就像微信聊天一样，在这里输入你的问题，DeepSeek 就会回答。

🐋 **我是 DeepSeek，很高兴见到你！**

我可以帮你写代码、读文件、写作各种创意内容，请把你的任务交给我吧～

给 DeepSeek 发送消息

⊗ 深度思考 (R1) ⊕ 联网搜索

▲ 图 4

二、界面介绍

DeepSeek 的界面很简单，主要有三部分：

对话框：你在这里输入问题，AI 在这里回复你。

历史记录：可以回顾你之前的聊天内容。

设置或功能选项：以侧边栏或图标形式存在，有账户设置、对话管理等功能入口。

三、DeepSeek-R1 和联网搜索

1. 用 DeepSeek-R1 模型的情况

当你需要 AI 帮你快速做事时，DeepSeek-R1 是你的最佳选择，它能在离线环境下高效完成任务。

DeepSeek-R1 适合于以下问题：

①内容创作

- 帮我写一篇关于人工智能的科普文章。

- 润色我的英文邮件，让语气更专业。

②代码编写与修复

- 用 Python 写一个简单的计算器。

- 找找这段代码中的错误，优化一下。

③解题、逻辑推理

- 3 个人分 15 个苹果，每个人最多能分几个？

- 帮我解这道几何题，说明步骤。

④信息归纳与总结

- 总结这篇文章的核心观点。

- 把会议纪要整理成一份简短的报告。

当问题不需要实时信息（如写作、逻辑题、代码问题等），就让 DeepSeek-R1 来搞定。

2. 用联网搜索的情况

如果你需要最新、实时的答案，就可以用联网搜索功能。它就像你的"动态小助手"，帮你抓取当天的最新数据。

①实时资讯查询

- 今天北京的天气怎么样？

- 最新的 AI 大会的时间和地点是什么？

②最新的时事新闻

- 查查 2025 年 1 月关于某个社会热点的新闻。

- 查找最近在硅谷发生的科技事件。

③产品或市场调研

- 2025 年最热门的 AI 公司有哪些？

- 帮我整理 2024 年 AI 芯片行业的趋势报告。

④综合多来源信息

- 列出几本关于 AI 教育的畅销书。

- 查查今年大公司的裁员计划。

当你需要最新资讯、动态信息或网络上的多方观点时，联网搜索是你的最佳选择。

3. DeepSeek-R1 与联网搜索使用情况对比

表 2

场景	用 DeepSeek-R1	用联网搜索
写作、论文、报告	写新媒体文案、改写论文摘要、润色文章	查找论文最新引用、研究最新数据
编程相关任务	写代码、改代码、查 Bug（程序错误）	查询最新的 API 或库的文档
逻辑和计算问题	解题、逻辑推理、长文总结	无须联网，依靠模型本身即可

续表

场景	用 DeepSeek-R1	用联网搜索
实时动态	不适合，可能给出过时的答案	查新闻、天气、科技动态
市场和调研分析	总结已有的公司或市场分析报告	搜集和整合最新市场数据

简单记忆：

· DeepSeek-R1 适合写作、代码、逻辑推理等不依赖网络的任务。

· 联网搜索适合查找最新动态、时事、市场调研等需要实时数据的问题。

4. 3个小技巧帮你提高效率

①提问要清楚、具体

如果问题太笼统，比如"给我写一篇文章"，DeepSeek 很可能无法准确抓住重点。

示例：

· 写一篇关于 DeepSeek 改变教育方式的小红书文案，风格要轻松，字数 200 字。

- 优化我的代码，找到语法错误并改正。

②给 DeepSeek 分配"角色"

如果你告诉 DeepSeek 让它扮演什么角色，它能根据场景调整语气和内容，效果更贴合需求。

示例：

- 你是一个营销专家，帮我写 1 条广告文案，产品是新款耳机。

- 你是一个软件工程师，帮我检查这段代码的性能优化点。

③复杂问题分步骤提问

如果问题太复杂，DeepSeek 可能难以一次回答全面，分步骤提问会更高效。

示例：

- 第一步，帮我分析产品 X 的优缺点；

- 第二步，根据优缺点，写一个针对年轻用户的推广方案；

- 第三步，给推广方案设计 3 条关键文案。

四、实战演练：让 AI 帮你完成任务

1. 场景 1：写邮件

指令：请帮我写一封正式的英文商务邮件，邀请客户参加产

品发布会。

2. 场景 2：写代码

指令：请用 Python 写一个自动计算平均分的程序。

3. 场景 3：翻译改写

指令：请帮我把这段英文翻译成中文。（粘贴英文）

写作与内容创作应用：
让 DeepSeek 成为你的创作搭档

你以为 DeepSeek 只是辅助工具？其实它是你真正的创作伙伴，几乎可以帮你搞定所有和写作有关的事。从论文到社交媒体推文，只要输入指令，它就能快速生成内容，大幅提高你的工作效率。

别担心应用场景太多而记不住，后面章节里我会详细讲到各种具体用法。

一、功能亮点

文章写作：一条简单指令就能生成各种类型的文章——公文、短视频文案、公众号推文、项目报告，甚至小说初稿，帮你节省大量时间。

文章优化：自动修改或润色已有内容，让你的文字表达更加精准、有针对性，适合特定的平台和读者群。

DeepSeek 面对长篇内容时，可以为你提炼出关键信息，让你轻松缩短阅读时间，抓住核心要点。

二、应用场景

不论在哪儿，你都能用它。

新媒体内容创作：短时间内爆发创意，DeepSeek 自动生成吸引眼球的文案，让你再也不用苦思冥想。

长文章摘要：无论是冗长的研究论文还是新闻报道，DeepSeek 都能快速提炼关键点，让你轻松掌握重要信息。

文章结构重组：DeepSeek 能根据你的要求重组段落和章节，让报告、论文或长文的逻辑更加清晰、流畅。

三、示例指令与效果

指令：帮我写一篇小红书文案，主题是如何用 AI 提高学习效率，风格轻松幽默，字数 200 字。

输出：

书山有路 AI 为径！想象一下，写作时不再卡壳，复习时不再熬夜，论文自动生成核心框架——这就是 AI 学习的魔力！三大 AI 神器推荐：ChatGPT 帮你做笔记、DeepSeek 写作助手润色论文、AI 思维导图整理知识框架。学霸进阶？比你想象的简单！

未来你会发现，不论是写长文、写短文案，还是优化现有内容，DeepSeek 都能帮你更快、更好地完成。这才是高效写作的新时代！

接下来，我会逐步讲解更多的具体操作和实战应用，让它真正成为你不可或缺的"写作搭档"。

翻译与语言处理应用：
让 DeepSeek 帮你翻译和改写

DeepSeek 不仅是你的语言翻译器，更是表达优化大师，能够理解语境、调整语气，确保翻译内容既准确又专业。无论是跨国邮件、外文论文，还是社交平台内容，都能轻松搞定。

一、功能亮点

多语言翻译：支持超过 200 种语言的互译和翻译，帮助你与世界无障碍沟通。

多种的语言风格选择：根据不同的场景要求，提供正式、学术、轻松等多种风格选择，确保符合目标读者的期望。

英文改写与润色：针对英文邮件、论文等正式场合内容，优化措辞、句式，使其更符合英语母语者的表达习惯，避免生硬直译。

自动语法纠正：在翻译或改写过程中，自动检查语法、拼写和标点，确保内容零错误。

二、应用场景

商务沟通：跨国企业中的中英邮件往来、合同文件翻译等，DeepSeek 能快速提供专业的翻译和润色，让你的表达更有说服力。

公文写作：公文类写作需要高质量表达，DeepSeek 能帮你从词汇到句式逐层优化。

新媒体内容：有些新媒体平台需要轻松幽默的翻译和改编文案，DeepSeek 能灵活调整语气，贴合不同受众。

三、示例指令与效果

指令 1：请帮我把这段中文翻译为英文，并优化表达。

原文：这篇文章的主题是 AI 如何改变未来教育。

DeepSeek 翻译与优化结果：

This article explores how AI is reshaping the future of education.

效果：翻译时优化了句式，表达更地道、流畅。

指令 2：帮我改写这封英文邮件，使其语气更专业。

原文邮件：

Hi John,

I want to discuss a problem we had last week. We couldn't complete the project on time because of some unexpected issues. Can we schedule a call tomorrow ?

DeepSeek 改写后：

Dear John,

I hope this message finds you well. I would like to discuss some challenges we encountered last week that caused delays in the project timeline. Would you be available for a call tomorrow to review the situation and explore potential solutions ?

效果：AI 将邮件改写得更加正式、专业，提升了语气的礼貌性和层次感。

四、扩展功能推荐

实时翻译协助：在跨国会议、线上聊天中，DeepSeek 可实时翻译发言并调整措辞，让沟通无障碍。

精准语义润色：DeepSeek 可自动识别文本的语境，并进行精准润色，使句子更加流畅自然，同时确保语义准确无误，提升内容的专业性和可读性。

无论是正式文书还是轻松文案，DeepSeek 都能灵活调整语言风格，让你的每一句话都更符合目标需求。

编程与代码生成应用：
让 DeepSeek 帮你写代码、改代码

DeepSeek 是你的贴身编程助理，不仅能帮你写代码、优化逻辑，还能迅速定位和修复代码中的错误。对于编程新手和资深开发者来说，它都是提升效率的利器。

一、功能亮点

代码编写：支持多种编程语言（Python、JavaScript、C++、Java、SQL 等），根据需求生成函数、模块，甚至完整项目代码。

代码优化：分析现有代码，优化逻辑结构、变量命名和性能，使代码更加高效、可读。

Bug 修复：自动检查代码中的语法、逻辑错误，帮助你快速修复并提供优化建议。

算法与解决方案生成：针对算法问题或复杂逻辑，DeepSeek

可根据需求提供标准化的实现方案。

二、应用场景

项目开发中的快速原型：需要快速实现一个功能？ DeepSeek 可生成初步代码，让你更快进入测试阶段。

调试和错误修复：当代码运行出错时，DeepSeek 可自动分析错误原因，提供修复建议，减少调试时间。

学习与教学辅助：对于编程学习者，DeepSeek 可以帮助理解算法思路、生成示例代码并解释关键步骤。

跨语言迁移：将一个功能从 Python 迁移到 Java 或其他语言，DeepSeek 可快速完成代码重构。

三、示例指令与效果

指令 1：用 Python 写一个简单的计算器，支持加减乘除。

DeepSeek 生成的 Python 代码：

python

复制编辑

```python
def calculator():
    print(" 欢迎使用简单计算器！ ")
    print(" 操作：加 (+)，减 (−)，乘 "*"，除 (/)")
    num1 = float(input(" 请输入第一个数字："))
    operator = input(" 请选择操作符 (+, −, *, /): ")
    num2 = float(input(" 请输入第二个数字："))
    if operator == '+':
        result = num1 + num2
    elif operator == '−':
        result = num1 − num2
    elif operator == '*':
        result = num1 * num2
    elif operator == '/':
        if num2 != 0:
            result = num1 / num2
        else:
            result = " 除数不能为零！ "
    else:
```

```
        result = " 无效的操作符。"

    print(f" 结果：{result}")

calculator()
```

（这个简单的交互式计算器，用户输入数字和操作符即可得到计算结果。）

指令 2：帮我优化这段 Python 代码，减少冗余逻辑。

原始代码：

python

复制编辑

```python
if age >= 18:
    print(" 成年人 ")
else:
    if age < 18 and age >= 13:
        print(" 青少年 ")
    else:
        print(" 儿童 ")
```

AI 优化后：

python

复制编辑

```python
if age >= 18:
    print(" 成年人 ")
elif age >= 13:
    print(" 青少年 ")
else:
    print(" 儿童 ")
```

（优化后的代码结构更加简洁，去除了不必要的条件判断。）

指令 3：帮我修复这段 SQL 语句的错误。

原始 SQL 语句：

sql

```sql
SELECT name, age,   FROM students WHERE age > 18;
```

DeepSeek 修复并优化：

sql

```sql
SELECT name, age FROM students WHERE age > 18;
```

（去掉了多余的逗号，保证 SQL 语句的正确执行。）

四、扩展功能推荐

API 集成辅助：如果需要集成外部 API（Application Programming Interface，应用程序编程接口），DeepSeek 可以帮你快速生成调用代码。

文档生成：为你的代码生成自动化注释和文档，提升团队协作效率。

安全检查：在提交代码前，DeepSeek 可自动检测潜在的安全漏洞，给出修复建议。

无论是执行简单任务还是开发复杂项目，DeepSeek 都能提供即时编程支持，让你摆脱低效。

第二章

DeepSeek
的高级玩法

前面我们学习了 DeepSeek 是什么、它的核心能力、基础应用及其基本操作。如果你已经成功注册了 DeepSeek，并且尝试过输入指令，让 DeepSeek 帮你写文章、翻译文本或者写代码，那么恭喜你，你已经迈出了使用 DeepSeek 的第一步！

但是，你可能会发现：

- DeepSeek 有时候给的答案不够精准。

- 虽然 DeepSeek 写出的文章质量还可以，但不太符合自己的风格。

- DeepSeek 能把用户要求的代码写出来，但不一定是最优解。

这里我就来教大家如何更深入地使用 DeepSeek，掌握其高级玩法。

很多人第一次用 DeepSeek, 发现它生成的答案有时候很好, 有时候很一般, 这是为什么呢?

答案很简单, 因为它需要清晰的指令。

如果你的问题模糊不清, DeepSeek 也会给你一个模棱两可的答案。

要让 DeepSeek 生成高质量的回答, 你需要:

问题具体化: 告诉它你要什么, 不要什么;

拆分任务: 复杂任务拆成几步, 让它逐步完成;

设定角色: 让它扮演特定身份, 比如"你是一个资深市场营销专家";

提供示例: 给它一个参考, 让它按照你的风格生成内容。

在新媒体领域, 流量不是天上掉下来的, 而是精心设计的结果。如果你想让 DeepSeek 帮你写出高流量的文案, 简单地说"写个有流量的文案"是行不通的。你需要用"精准提问+清晰指令+有效示例"来引导DeepSeek，才能得到真正有效的结果。

如果你只是简单地对 DeepSeek 说"给我写个好的文章标题"或者"来段吸引眼球的文案"，DeepSeek 很可能会给你一个中规中矩的答案，缺少爆款文案的亮点。正确做法是，明确内容框架、情感触点或目标人群。

问题要具体化，告诉 DeepSeek 你要什么、不要什么。

示例：帮我写一个短视频标题，目标是吸引 20~30 岁的年轻人，风格要带点幽默感，和李尚龙写"小人物的奋斗"类似。

错误举例：写个高流量标题。

优化后：

"写一个关于普通人用 AI 提高收入的话题，带有李尚龙式的逆袭故事的风格，目标是引发共鸣。"

数据整理与分析应用：

让 DeepSeek 帮你归纳信息

在信息过载的时代，DeepSeek 是你的数据归纳员，能快速从杂乱无章的文本、数据和会议记录中提炼出有价值的信息，帮你轻松完成数据报告、会议纪要和复杂文档归纳等任务。

一、功能亮点

会议纪要：自动提炼会议中讨论的核心内容、决策要点和待办事项，让你不用再反复回听会议录音。

数据分析与报告生成：基于 Excel、CSV（逗号分隔值）数据，自动分析并生成结构化的可视化报告，包括趋势图、数据表和结论总结。

复杂信息整理：从文档、网页、电子邮件等信息源中抓取关键内容，去除冗余，提供易于理解的整理结果。

任务清单生成：通过整理资料和会议内容，为你生成清晰的任务清单和优先级安排。

二、应用场景

会议纪要自动生成：适合频繁参加会议或头脑风暴的工作岗位，DeepSeek 能帮你总结讨论的重点，确保不会遗漏关键信息。

大数据归纳与分析：企业销售数据、市场分析数据等，DeepSeek 可快速分析趋势，生成数据驱动的洞察报告。

信息提炼与整合：当你需要从海量文档中提炼出核心观点时，DeepSeek 能帮你省去筛选和对比的烦琐步骤。

多来源整合报告：自动将不同数据源（Excel、文档、邮件等）汇总为统一格式的分析结果。

三、示例指令与效果

指令 1：帮我总结一下这场项目会议的要点和待办事项。

原始输入：（DeepSeek 会处理会议录音、文本记录等）

会议内容概述：讨论了新产品的开发进度、市场营销策略以及团队需要解决的技术问题。

DeepSeek 自动生成会议纪要：

会议纪要

时间：2025 年 1 月 29 日

参与人员：项目经理、技术负责人、市场负责人

主要讨论内容：

- 产品开发进度汇报（当前完成率：60%）

- 下季度市场推广计划

- 新增技术问题汇总及负责人分配

决策事项：

- 确定新产品上线时间为 4 月

- 推广活动初步预算定为 50 万元

- 修复技术问题的优先级安排

待办任务：

- 技术团队一周内提供问题解决方案

- 市场部门完成广告文案初稿

指令 2：请根据这份 Excel 销售数据生成季度分析报告。

原始输入：（Excel 文件包含产品名称、销售额、季度增长

率等多列数据）

DeepSeek 生成报告：

季度销售分析报告

总销售额：本季度销售额达 500 万元，同比增长 15%。

最佳销售产品：智能手表 X1，占总销售额的 35%。

主要趋势：东部市场增速最快，同比增长 25%。

面临的挑战：西部市场增长放缓，需加强当地品牌宣传。

（报告自动包含数据图表，例如条形图、折线图等，便于可视化理解。）

指令 3：从这堆技术文档中提取出与数据安全相关的重要内容。

DeepSeek 整理结果：

- 数据加密是确保客户隐私的核心措施。
- 系统日志需定期审查，以检测潜在入侵风险。
- 多因素认证被推荐用于用户数据访问权限管理。

（DeepSeek 自动过滤无关内容，只保留关键点。）

四、扩展功能推荐

大规模数据匹配：DeepSeek 将不同的数据源进行对比与整合，生成交叉分析报告。

自动生成数据可视化图表：DeepSeek 根据数据自动生成可视化图表，包括饼图、折线图和热图。

智能提醒与推送：当数据或会议更新时，DeepSeek 可推送关键提醒，方便你随时了解进展。

无论是企业决策、项目管理，还是日常任务跟踪，DeepSeek 都能帮你把繁杂的信息整理成简洁有用的行动指南，让你的工作更高效、更有条理。

DeepSeek 帮你轻松搞定数据分析和报告

DeepSeek 不仅能帮你处理简单的数据任务，还能完成从销售趋势分析、数据可视化到生成商业报告等复杂工作。对于日常 Excel 处理、市场研究、企业数据决策来说，它都是一个得力助手。

一、功能亮点

销售数据趋势分析：识别关键增长点、季节性波动和市场潜力，生成可视化报告。

财务报表分析：分析企业利润、成本构成，帮助做出数据驱动的决策。

市场分析：基于现有数据，找出客户需求变化、产品表现以及竞争优势。

数据整理与清洗：将杂乱的数据整理为结构化格式，并去除冗余或异常值。

二、案例 1：分析 Excel 销售数据，生成趋势报告

场景描述：你有一份 Excel 文件，包含过去两年的产品销售数据，想知道哪些产品增长最快、哪个季度表现最突出。

指令：我有一份 Excel 数据，里面是 2023 年到 2024 年的销售数据。请帮我分析销售趋势，并总结关键增长点。

DeepSeek 结果：

销售趋势分析报告

总销售额趋势：2024 年总销售额同比增长 18%，主要增长来自第四季度的促销活动。

关键增长点：

- 产品 X：在电商渠道增长 35%，贡献了整体增长的 50%。
- 地区分析：东部市场增长 22%，是增长最快的地区。
- 节日促销：双十一期间的销量占全年的 40%。

推荐策略：

- 增加针对东部市场的广告投放预算。

- 扩大第四季度促销活动，并引入会员折扣策略。

可视化结果：DeepSeek 自动生成的折线图、柱状图，帮助你直观了解不同的产品和地区的表现。

三、案例 2：财务数据分析，自动生成可视化报表

场景描述：你需要分析公司的季度利润和成本数据，找出盈利的因素。

指令：我有一份季度财务数据，包括收入、成本、利润等字段，请帮我分析影响盈利的关键因素，并用图表展示。

DeepSeek 结果：

财务分析报告

总利润情况：

- 第一季度利润率为 25%，但第二季度下降到 18%。

- 成本上升是主要原因，特别是原材料成本上涨 15%。

关键影响因素：

- 原材料成本：由于供应链不稳定，导致生产成本大幅上升。

- 营销费用：在新市场的广告投入增加，但转化率较低。

DeepSeek 生成图表：

- 利润与成本的季度趋势图。

- 原材料与广告投入占比的饼状图。

推荐策略：

- 优化供应链，考虑本地供应商以减少物流成本。

- 重新评估新市场广告策略，优先集中资源于高转化渠道。

DeepSeek，市场营销的必备武器

在商业竞争日益激烈的时代，市场营销已经成为决定企业成败的关键环节。一个好的市场营销策略不仅能精准触达目标用户，还能直接推动销售增长，甚至塑造品牌长期价值。然而，在这个讲究速度与创意的领域，落后一步就可能错失市场机会。

DeepSeek 正是帮助你快速、精准、高效执行营销任务的利器。从市场研究、品牌策划、社交媒体运营到广告文案、营销策略制订，它都能为你提供有力支持，成为企业提升营销能力的秘密武器。

无论你是策划一场大规模的品牌活动，还是需要在小红书、抖音等社交平台生成引流内容，DeepSeek 都能帮你快速生成实用的方案，让你在营销战场上始终快人一步。

一、功能亮点

市场研究报告：快速获取多维度的市场洞察，包括消费者行为、行业趋势、竞品分析等，为决策提供科学依据。

品牌文案与广告创意：生成具有吸引力的品牌故事、产品广告语和社交平台文案，让你的内容更具传播力。

营销策略建议：根据你的产品特点、目标市场和预算，DeepSeek 自动生成具体的营销方案，比如线上线下联动策略、短期引流计划等。

二、DeepSeek 如何助力企业高效营销

降低营销成本：传统市场调研和文案创作需要花费大量时间和人力，而 DeepSeek 能快速完成，节省资源。

提升内容质量：精准分析用户需求，生成符合平台特性的创意内容，让品牌更容易破圈。

实时调整策略：根据最新数据，DeepSeek 能随时优化营销策略，让你的推广活动更具效果。

总之，市场营销的本质是对用户心智的争夺，而 DeepSeek 就是让你在这场竞争中更快、更准、更有创意的利器。无论你是首

席执行官还是市场部负责人，懂得用 DeepSeek 赋能营销，才能抓住未来的商业机会。

三、案例 1：生成一份市场研究报告

场景描述：你需要准备一份关于 2024 年短视频营销趋势的研究报告，用于市场分析和团队汇报。

指令：请帮我写一份关于 2024 年短视频营销趋势的市场研究报告，目标市场是中国，字数 1000 字。

DeepSeek 结果：

2024 年中国短视频营销趋势研究报告

趋势 1：品牌与用户共创内容

用户生成内容（user-Generated Content，简称 UGC）正成为短视频平台的主流趋势，品牌通过鼓励用户参与挑战、分享体验，提升用户黏性。例如，抖音"全民挑战赛"成为品牌推广的重要工具。

趋势 2：AI 个性化推荐

短视频平台利用 AI 算法分析用户行为，为其推荐定制化内容。这不仅增加了用户停留时间，也帮助品牌精准触达目标受众。

趋势 3：直播短视频一体化

2024 年，直播与短视频的结合将更加紧密，品牌可通过短视频引流到直播间，完成转化。

数据支持：

- 2023 年中国短视频广告市场规模已达 3000 亿元人民币，同比增长 25%。

- 45% 的用户表示，他们在观看短视频时会主动点击品牌链接或活动页面。

结论与建议：品牌应重点投资 AI 个性化营销、UGC 活动和直播互动，以实现最大化用户覆盖和转化。

（以上内容有删节）

四、案例 2：AI 帮你做社交媒体营销

场景描述：你需要发布一条短视频，用于推广"AI 提高工作效率"的主题。

指令：帮我写一篇抖音短视频的文案，主题是如何用 AI 提高工作效率，风格要幽默风趣，带一点悬念。

DeepSeek 生成文案：

标题：你还在手动整理 Excel？难怪工作效率低！

文案内容：[开场画面] 镜头对准一堆混乱的文件桌，主人公愁眉苦脸，背景音乐略显焦虑。

[转场]AI 工具出现，画面突然变得清爽，自动化数据整理、邮件回复、PPT 生成迅速完成。

配音旁白：你有没有想过？每天你花在重复任务上的时间，可以让 AI 来搞定。整理表格？AI 一秒完成。写报告？AI 替你生成。今天的效率秘诀已经不再是加班，而是——用对 AI 工具！

结尾悬念：还在等什么？关注我们，教你下载一个爆款 AI 工具！

配文：评论区聊聊，你最想让 AI 帮你干什么？

结果：生成的文案既有情节设计，也能引发用户互动，符合抖音平台的传播逻辑。

五、案例 3：品牌文案策划与广告语生成

场景描述：你在策划一款新产品的广告语，目标是吸引年轻用户，并突出产品特点。

指令：帮我写三条针对 20~30 岁年轻用户的品牌广告语，产品是一款 AI 学习助手。

DeepSeek 生成广告语：

- 学得快，懂得多，AI 助手让学习变简单！

- 你的 AI 私教，随时解锁新技能。

- 跟上时代的步伐，用 AI 打造你的专属知识库。

进一步扩展：根据产品定位，还可以生成长文案、宣传标语或搭配营销活动的文案。

想写出既有故事又有情感共鸣的流量文案？DeepSeek 是你最好的创作搭档，但需要你用对方法。简单的一句指令效果可能有限，但如果你能学会拆解任务、设定场景、提供示例，它将帮你生成爆款文案，效果绝对超出预期。

一、拆分任务——一步步引导 AI，让文案更有层次感

我的文案之所以抓人，是因为擅长用层次感讲故事——从故事引入到情感共鸣，再到反转结尾，每一步都精心安排。如果你想用 DeepSeek 达到类似效果，可以把写作任务拆解成几个步骤来完成。

故事背景：先让 AI 生成一个吸引人的开头，比如"讲一个 20 多岁女性在职场受挫但逆袭的故事"。

情节转折与共鸣：接着，指示 AI 描述她如何在 AI 的帮助下找回信心并实现逆袭，引起读者的情感共鸣。

标题与结尾：最后，让 AI 根据内容生成一个吸引眼球的标题，比如"逆风翻盘，从 AI 中找到的第二人生"。

优化指令示例：先讲一个普通人职场失败的故事，引发共鸣；再描述如何通过 AI 实现逆袭；最后总结全文，生成标题。

错误示例：写一篇有流量的职场文案。（太宽泛，难以得到有层次感的内容。）

二、设定角色——让 AI 扮演特定身份，文案更符合需求

DeepSeek 的另一大优势是可以根据不同的角色需求调整语言风格和逻辑。如果你想要写出跟我的风格类似的流量文案，可以让 AI 扮演一个"励志作家"或"小红书 KOL（关键意见领袖）"，效果会更贴合目标平台和读者群。

示例指令：你是一个擅长写励志故事的小红书达人，模仿李尚龙的叙述风格，写一篇关于用 AI 改变人生的小红书文案。

错误示例：写一段关于 AI 帮助人逆袭的文案。（没有设定身份，AI 可能无法抓住平台特点。）

优化指令示例：你是一个小红书 KOL，专注分享普通人的逆袭故事，用李尚龙的叙述风格写一篇关于 AI 如何改变命运的小故事。

三、提供示例——用真实文案给 AI 参考，效果事半功倍

我的文案成功之处在于有情感共鸣和真实细节，给人一种这就是我身边人的感觉。你可以提供几段示例文案，让 DeepSeek 模仿这种风格进行创作。

示例指令：请模仿下面这段文案的风格，写一个类似的故事。

示例文案：小王只是个普通的上班族，日复一日地被同样的生活困住，直到他用 AI 找到通过副业赚钱的机会，一年后收入翻倍。他说："我以为 AI 只是个工具，后来发现它改变了我整个人生。"

优化指令示例：模仿上面李尚龙式的故事结构，写一个普通人如何用 AI 改变人生的案例。

错误示例：写一段 AI 改变人生的文案。（过于简单，AI 无法抓住细节和情感。）

总之，用对方法，DeepSeek 就能成为你打造流量爆款的最佳助手。

小贴士

· 任务拆解：将复杂的写作任务分成几步，引导 DeepSeek 分阶段输出有层次的内容。

· 设定角色：告诉 DeepSeek 它要扮演什么身份，比如市场专家或励志作家，让它更好地进入状态。

· 提供示例：用真实的文案示例引导 DeepSeek 模仿，确保输出的内容既能引起共鸣又接地气。

· 具体化需求：明确告诉 DeepSeek 你需要什么风格、目标和平台，不要泛泛而问。

四、案例实操：用 DeepSeek 提供精准答案，打造流量爆款

想要让 DeepSeek 给出真正有价值、能带来流量的答案？DeepSeek 可以帮你轻松实现，但前提是你需要懂得如何提问。普通的提问很难引导它深入思考，但如果你能在问题中明确场景、需求、关键点，DeepSeek 将会给你提供超出预期的结果。

1. 案例 1：生成市场分析

以电商行业为例。

普通指令（不够精准）：请帮我分析电商行业的趋势。

结果可能是泛泛而谈，比如"电商增长迅速""各大平台竞争激烈"，缺乏深度和关键数据支持。

优化后的指令（更精准）：请以 2024 年的中国市场为背景，分析电商行业的发展趋势。重点关注以下方面：

- 直播电商、社交电商的影响力。
- AI 在电商中的应用（如智能推荐、库存管理等）。
- 提供关键数据或案例支持。

DeepSeek 为什么能生成更好的结果？

- 有明确的市场范围（2024 年的中国）。

- 有清晰的分析角度（直播、社交电商、AI 技术）。

- 要求数据支持，结果更具体，有说服力。

输出：

- 2024 年电商市场格局演变：AI 驱动的精准推荐成为用户购物体验的关键，直播电商继续爆发式增长……

- 实际数据引用：2024 年，某头部电商平台直播销售额同比增长 35%，AI 库存管理帮助品牌商减少 20% 的供应链成本。

2. 案例 2：写政府宣传文案

普通指令（不够精准）：帮我写一篇政府工作宣传文案。

结果可能是生成普通的宣传文案，缺乏吸引力和针对性。

优化后的指令（更精准）：你是一位专业的政府宣传文案策划师，现在帮我写一篇适合政府官方网站的民生政策宣传文案，目标受众是 30~50 岁的市民，风格正式、简洁。

DeepSeek 会怎么做？

- 符合政府官方网站的正式、简洁风格。

- 通过从民生政策的具体内容和市民关心的热点问题切入，减少生硬的宣传感。

- 根据受众的需求定制内容，吸引中青年市民关注。

3. 案例引申：如何用 DeepSeek 优化新媒体选题

普通指令（不精准）：帮我写一篇关于 AI 在生活中应用的新媒体文案。

DeepSeek 可能会生成很普通的文案，比如"AI 能帮你学习、工作和娱乐"，没有新意，流量自然也不高。

优化后的指令（更精准）：你是一个政府新媒体运营专家，帮我写一篇政府新媒体文案，目标人群是 25~40 岁的市民，主题是"AI 在政务服务中的应用"。内容主要包含以下几点：

- 吸引眼球的开头故事（可以是市民办事的便捷案例）。
- 具体的政务服务应用（如在线办理、智能客服、政策解读）。
- 结尾要有号召力，引导用户参与讨论。

DeepSeek 为什么能给出更好的文案？

- 指定了目标受众（25~40 岁的市民）。
- 明确了文章结构（开头故事 + 政务服务应用 + 号召引导）。
- 内容有针对性，容易引发共鸣和互动。

4. 小结

明确提问场景：告诉 DeepSeek 具体的应用场景和目标，不要太空泛。

优化指令结构：将需求分步骤拆解，帮助 DeepSeek 理解关键任务。

引导 DeepSeek 深入思考：通过提供目标受众、风格、关键细节等，让 DeepSeek 生成符合需求的高质量内容。

总之，用好 DeepSeek，它会成为你手中的"精准创意机器"。

代码开发：

DeepSeek Coder，你的智能编程助手

DeepSeek Coder 是专为程序员和开发者打造的代码助手，支持多种编程语言（Python、JavaScript、C++ 等），不仅能自动生成代码，还可以优化代码性能、修复 Bug，大大提高开发效率，特别适合满足初学者和资深开发者在日常工作中的不同需求。

一、功能亮点

自动生成代码：你只需提出需求，DeepSeek Coder 就能生成完整的代码片段或模块。

代码优化：检查现有代码中的性能瓶颈，提供更高效的解决方案。

Bug 修复与调试：快速找到代码中的错误并给出修复建议。

跨语言转换：可以将代码从一种语言自动转化为另一种语

言，例如从 Python 转到 Java。

二、案例 1：自动生成 Python 爬虫代码

场景描述：你需要一个爬虫程序来自动抓取新闻，但不确定从哪里开始写代码。

指令：请用 Python 语言写一个爬取某网站最新新闻的爬虫。

DeepSeek 结果：

python

复制编辑

```python
import requests
from bs4 import BeautifulSoup
def get_latest_news(url):
    response = requests.get(url)
    if response.status_code == 200:
        soup = BeautifulSoup(response.text, 'html.parser')
        # 假设新闻标题在 <h2> 标签中
        news_titles = soup.find_all('h2')
        print(" 最新新闻标题：")
```

```
for title in news_titles[:5]:  # 只显示前 5 条新闻

    print(title.get_text())

else:

    print(f" 请求失败，状态码：{response.status_code}")


# 调用函数

get_latest_news('https://example-news-website.com')
```

（需要在一定环境下运行）

以上代码，DeepSeek 自动生成了一个简单、直接、可运行的爬虫程序，并考虑了基本错误处理。你只需根据网站结构调整部分标签定位即可使用。

三、案例 2：优化已有代码，提升执行效率

场景描述：你编写了一段代码，但运行速度很慢，想要提高性能。

指令：以下是我的 Python 代码，它运行得很慢，请优化代码，提高执行效率。（然后粘贴代码）

原代码：

python

复制编辑

```python
nums = [i for i in range(1000000)]
squares = []
for num in nums:
    squares.append(num**2)
```

DeepSeek 优化结果:

python

复制编辑

```python
nums = [i for i in range(1000000)]
squares = [num**2 for num in nums]  # 使用列表推导式提高效率
```

优化建议:

• 列表推导式比传统的 for 循环更高效,因为它在底层做了性能优化,适合大规模数据处理。

• DeepSeek 还会告诉你,这种方法在执行上可节省 30% 以上的运行时间。

四、案例 3：自动修复 Bug

场景描述：你在运行程序时遇到错误，提示"IndexError: list index out of range"，但找不到具体原因。

指令：请帮我修复这段 Python 代码中的错误。（粘贴出报错代码）

原代码：

python
复制编辑

```python
my_list = [1, 2, 3, 4]
print(my_list[4])  # 访问越界索引
```

DeepSeek 修复结果：

python
复制编辑

```python
my_list = [1, 2, 3, 4]
if len(my_list) > 4:
    print(my_list[4])
```

```
else:
    print(" 索引超出范围，请检查列表长度。")
```

以上代码，DeepSeek 检测并修复了索引越界的问题，通过添加条件判断避免程序崩溃，同时给出调试建议。

五、案例 4：跨语言代码转换

场景描述：你有一段 Python 代码，需要将其转换为 Java 版本。

指令：请将下面的 Python 代码转换成 Java 代码。

Python 原代码：

```python
复制编辑
def greet(name):
    return f"Hello, {name}!"
```

DeepSeek 生成的 Java 代码：

java

复制编辑

```java
public class Greet {
    public static String greet(String name) {
        return String.format ( "Hello, %s!", name) ;
    }
}
```

更多扩展功能：

· 自动化测试主要是根据需求自动生成单元测试用例，确保代码稳定性。

· 安全漏洞检测主要是检查代码中的安全隐患（SQL 注入、未处理的异常等），并提供修复建议。

· 代码文档生成主要是自动为函数、类和模块生成注释，方便团队协作。

第三章

DeepSeek
的深度定制
与高效协作

到目前为止，我们已经学习了 DeepSeek 的基础操作，也掌握了一些高级玩法，比如写作、翻译、代码生成、数据分析等。

但是，你可能会问：

- DeepSeek 可以更符合我的需求吗？

- 可以把 AI 整合到团队协作工具里吗，应该怎么做？

- 有没有更高阶的玩法，比如 API 调用？

答案是肯定的。

下面我们就来探索 DeepSeek 的"深度定制"玩法，让 AI 真正变成你的私人助手，甚至能与你的团队、工具无缝协作。

很多时候，你会发现与 AI 的对话越多，它就越能精准理解你需要什么。你甚至可以"反向提问"：在和我这么多次沟通中，你最了解我的哪些习惯或需求，是我自己都没意识到的？

这个问题不仅能让 AI 给出意想不到的反馈，还能帮助你发现潜在的优化方向，充分利用 AI 提升效率。

一、设定长期记忆，让 AI 记住你的需求

和人类助手一样，AI可以通过长期记忆逐渐熟悉你的工作方式、职业需求和偏好，避免每次重复输入同样的信息。想象一下，如果AI一开始就知道你的背景、常用语言风格、偏好的解决方案，那么它在接下来的回答中就会更贴近你的需求。

1. 为什么长期记忆很重要

减少重复输入：你不需要每次输入问题时都告诉它你是做什么的、喜欢什么风格。

更贴合你的需求：AI 会根据你提供的背景信息，生成更有针对性的答案。

个性化理解：越多的互动会让 AI 越了解你的工作模式，甚至可以提前预判你想要的东西。

2. 你可以让 AI 记住什么

①你的职业和工作背景

例如："我是一名市场营销顾问，主要负责品牌推广和客户分析。"

②你的行业和领域

例如："我所在的行业是科技领域，我特别关注短视频平台的营销趋势。"

③你的风格偏好

例如："我喜欢简单直白的回答，少用专业术语。""如果涉及市场数据，请提供相关的图表或示例。"

④长期目标或项目

例如："请记住，我的长期目标是提升品牌在抖音和小红书上的影响力。"

二、哪些东西不要让 AI 记住

虽然 AI 能通过长期记忆给你提供更精准、更个性化的回答，但我们也需要注意到，有些信息涉及隐私或内容敏感，不宜让 AI 存储或记录，尤其是当孩子使用的时候。下面列出一些你需要慎重对待、最好不要提供给 AI 的信息。

个人敏感信息：

- 身份证号、护照号、社会保障号码。

- 银行卡号、密码、账户信息。

- 医疗记录、体检报告等健康数据。

这些信息一旦泄露，可能被黑客或不安全的平台利用，从而引发财产损失和隐私外泄风险。

公司机密和商业敏感信息：

- 公司内部财务数据（利润、预算、销售额）。

- 核心竞争策略、未公开的商业计划。

- 与客户、合作伙伴签订的保密合同内容。

涉及公司内部机密的内容一旦外泄，可能对公司造成严重的损失。

个人的隐私生活：

- 家庭住址、个人行程安排。

- 亲密关系、私人感情生活。

- 与朋友或家人的聊天内容。

这些涉及个人隐私的信息可能会被不法分子利用，导致人身和财产风险。

政治或法律敏感信息：

- 政治立场或敏感话题的详细讨论。

- 涉及法律纠纷、案件相关的私人信息。

- 涉及国防、国家机密等特殊领域的信息。

这些敏感内容可能会引发误解、法律风险或安全问题，特别是在一些严格监管的领域。

带有私人情绪或负面评价的信息：

- 对同事、上司、合作伙伴的负面评价。

- 过于私人化的情绪宣泄或压力释放。

- 未经过深思熟虑的观点或评论。

这些负面情绪或负面内容一旦被记录，可能会在后面的生活中被 AI 误用。

如何保护你的隐私？首先是使用安全的平台，确保你使用的 AI 平台具备数据加密和隐私保护措施；其次要定期清理数据，定期删除 AI 存储的历史记录，降低信息被泄露的风险。

个性化回答固然重要，但保护隐私更重要。在使用 AI 时，懂得取舍、谨慎分享，让 AI 成为你的"助手"，而不是"隐患"。

三、如何操作 DeepSeek 的长期记忆

DeepSeek 是通过"记住并理解你的需求"来提高回答的精准度。它背后的逻辑很简单——当你在对话框中输入背景信息时，DeepSeek 会将这些信息存储到它的"长期记忆系统"中，类似于人类大脑的"长期记忆区"。下次当你提出新问题时，DeepSeek 会自动参考这些记忆内容来调整答案，让回答更贴近你的实际需求。

1. 操作步骤简单明了

- 进入 DeepSeek 界面。
- 输入你希望 DeepSeek 记住的背景信息或需求指令。
- 按回车键，开始使用。

指令示例：请记住，我是一名市场营销顾问，我需要你提供商业分析、品牌推广策略、社交媒体文案建议。

2. DeepSeek 长期记忆背后的技术解释

DeepSeek 会将你输入的指令存入它的"长期记忆存储模块"，这个模块的原理类似于数据库中的"用户偏好数据表"。当你输入问题时，DeepSeek 会通过"背景匹配算法"扫描它的长期记忆，将你的需求和问题进行"语义关联"，然后根据你提供的上下文信息生成更有针对性的回答。

简单来说，它就像一个"智能助理"，一边学习你的习惯，一边优化它的服务。

①示例效果

提问：帮我分析一下 2025 年的短视频营销趋势。

DeepSeek 回答优化：

你作为一名市场营销顾问，我建议你特别关注以下几点：

AI 推荐算法在短视频中的应用。未来用户喜欢什么，AI 可以提前捕捉，帮助品牌更精准投放广告。

用户生成内容（UGC）的互动策略。鼓励用户参与内容创作是保持品牌热度的重要手段。

直播带货的整合营销。短视频和直播的联动效应将在 2025 年持续增长，建议探索多平台联动策略。

②技术解析：DeepSeek 如何根据你提供的背景优化回答

当你输入问题时，DeepSeek 的"上下文处理器"会做三件事：

背景扫描：它会扫描之前存储的"长期记忆"，判断你是"市场营销顾问"，并提取相关信息，比如你关注品牌推广、社交媒体等领域。

语义关联：它通过"语义匹配模型"将你的问题（短视频营销趋势）与之前的记忆关联起来，分析哪些营销领域与你的需求最匹配。

结果优化：它结合当前的问题和你之前的背景信息，生成更有针对性、更符合你的职业需求的回答。比如直接推荐短视频的最新 AI 应用和整合营销策略，而不是泛泛而谈。

3. 为什么长期记忆能显著提高效率

无须重复输入：无须每次输入问题时都解释你的背景，DeepSeek 会自动记住。

提升回答精准度：DeepSeek 会根据你的职业和需求，筛选出更相关的答案。

节省时间：不用再筛选大篇幅的回答，DeepSeek 会直接告诉你最有用的信息。

如果你是一名市场营销顾问，DeepSeek 不会给你"短视频基础介绍"，而是直接输出市场策略、用户增长方法和行业趋势。

4. 扩展应用场景

创作者或博主：记住你的文案风格、目标受众等，DeepSeek 能直接生成符合你的品牌调性的内容。

示例：记住"我的目标用户是 18~25 岁的女性，喜欢轻松幽默的风格"，DeepSeek 会自动调整小红书或抖音文案的语气和风格。

学生或研究者：记住你研究的领域、专业术语，DeepSeek 会在回答学术问题时自动引用相关术语或推荐学术资源。

示例：记住"我研究的是 AI 在医疗领域的应用"，再提问时，DeepSeek 会根据你的领域提供更专业的分析和参考文献。

企业管理者：记住你关注的 KPI（Key Performance Indicator，关键绩效指标）、市场数据、目标用户等，DeepSeek 会在回答商业问题时自动筛选出对你有帮助的数据。

示例：记住"我们正在进行市场拓展，目标用户是我国北方地区 18~35 岁的年轻消费者"，DeepSeek 会自动优化推广策略的建议。

通过长期记忆功能，DeepSeek 不只是简单回答问题，而是逐步"了解你、熟悉你"，让每一次回答都更有深度、更贴近你的实际需求。使用好这个功能，你可以彻底告别泛泛而谈，让 DeepSeek 成为你高效工作的得力助手。

四、自定义指令与个性化回答

DeepSeek 不仅能通过长期记忆了解你的背景和需求，还能通过个性化指令和风格模仿，让它变得更像你的分身。无论你需要严谨的学术报告、幽默的社交媒体文案，还是精炼的商业分析，它都能快速适配，减少沟通和修改的时间。

可以定制的部分是：

1. 回答风格

正式庄重：适合学术或商务场合。

轻松幽默：适合小红书、抖音等社交媒体。

逻辑严谨：适合复杂的问题或技术分析。

2. 回答方式

详细讲解：层层剖析，适合需要深度理解的场合。

简洁总结：适合时间有限，需快速获取答案的场景。

逐步拆解：将复杂的问题分解为易懂的步骤，适合新手。

3. 专业度要求

学术型：提供严谨的数据、文献支持。

生活实用型：结合实际场景给出简单易行的建议。

行业专家型：针对具体行业提供深度分析和建议。

4. 示例指令

· 请你用轻松幽默的风格回答我的问题，但保证内容有深度。

· 请用 3 点总结的方式回答，不要超过 100 字。

· 回答市场营销问题时，请提供实际案例。

DeepSeek 会根据你的指令自动调整回答风格，让你快速获得符合需求的内容。

DeepSeek，让团队效率翻倍

如果你是团队管理者、自由职业者或者公司员工，可以把DeepSeek当作一个"虚拟助理"，因为它可以帮助你优化团队协作，提升工作效率。

节省时间：你不需要手动整理会议笔记或发送通知，DeepSeek帮你自动完成。

减少错误：DeepSeek自动生成内容，不容易遗漏或出错。

智能任务分配：DeepSeek根据团队成员的技能、角色和历史任务完成情况，提供任务分配建议，帮助团队优化工作流程。

一、Notion：帮你整理文档，自动生成笔记

Notion是团队知识管理和笔记工具，但手动整理大段会议记录、文档笔记会耗费大量时间。DeepSeek可以帮你自动提炼要点，

快速生成总结，让笔记更直观、简洁。

指令1：请将这段会议记录整理成3个核心要点和3条待办事项。

输入的会议记录：

- 讨论了新产品开发计划，确定了UI设计、市场推广策略和预算安排。

- 张三负责UI设计，李四负责市场调查。

- 下周一需要提交初稿设计。

- 提到了一些潜在的市场合作机会。

DeepSeek输出：

会议纪要

核心要点

- 新产品UI设计、市场推广策略已确定。

- 负责人员：张三（UI设计）、李四（市场调查）。

- 初稿提交时间：下周一。

待办事项

- 张三：UI设计初稿。

- 李四：完成市场调研并提交报告。

- 李五：跟进潜在合作伙伴。

指令 2：帮我总结这篇 1000 字的文档，生成一段 100 字的摘要。

DeepSeek 会根据指令提炼出文档的核心内容，生成清晰的摘要，让你快速掌握重点。

二、Slack：作为团队聊天机器人，随时解答问题或发通知

Slack 是团队沟通的重要平台，但烦琐的日常通知、重复性问题会占用大量时间。DeepSeek 可以帮你创建并设置 Slack 聊天机器人，帮助你自动发送提醒、解答团队问题。

指令 1：请帮我写一封 Slack 通知，提醒团队明天下午 3 点开会。

通知：

会议通知

大家好，明天下午 3 点将在会议室 A 举行产品开发讨论会，请按时参加并准备好相关材料。

附：会议链接、议题清单

指令 2：帮我在 Slack 中回复团队成员的提问："如何用 AI 工具提高工作效率？"

回复：

大家好，可以尝试使用以下方法来提升工作效率：

- DeepSeek 生成文档总结、自动整理数据。
- 使用 AI 工具优化代码、生成自动化报告。
- 在协作工具中集成 AI，节省团队分配任务的时间。

小技巧：可以在 Slack 中为 DeepSeek 创建一个固定的"帮手频道"，团队成员随时提问，DeepSeek 自动解答。

三、Trello：帮你生成任务清单，自动分配任务

Trello 是常用的项目管理工具，但手动分配任务、撰写说明可能比较烦琐。DeepSeek 可以在 Trello 中通过集成的方式提供智能辅助，按指令生成任务清单，将任务智能分配给不同的成员，并附上截止日期和优先级。

指令：请根据这段会议记录生成一张任务列表，并分配任务。

输入的会议要点：

- 产品 UI 设计需在两周内完成。

- 市场调研需下周提交报告。

- 文案团队负责推广方案。

输出：

任务 1：UI 设计初稿

负责人：张三

截止日期：2 周内

优先级：高

任务 2：市场调研

负责人：李四

截止日期：1 周内

优先级：高

任务 3：推广方案文案

负责人：王五

截止日期：3 周内

优先级：中

四、MidJourney：文案与视觉联动，打造爆款品牌内容

DeepSeek 和 MidJourney（AI 绘画工具）的强强联合，可以为品牌打造创意解决方案。DeepSeek 负责生成营销文案，而 MidJourney 负责根据文案提示生成配套的视觉内容，形成高效的创意流程。

1. 合作场景示例 1：社交媒体广告

①用 DeepSeek 生成社交媒体文案

指令：帮我生成一篇关于 AI 科技产品的小红书文案，目标人群是 18~25 岁的年轻女性，风格轻松有趣。

DeepSeek 文案示例：超未来科技！新一代 AI 智能设备解放双手，边煮咖啡边完成任务，实现工作效率与生活品质的同步跃升！

②用 MidJourney 生成配图

指令：生成一张关于 AI 科技生活的配图，画面内容包括咖啡机、智能助手、温暖的室内环境。

视觉示例：一张极具温馨感和科技感的图片，配合文案在小红书或抖音上发布，以吸引更多流量。

2. 合作场景示例 2：品牌发布会创意

DeepSeek：生成发布会活动文案、邀请函和新闻稿。

MidJourney：制作发布会的视觉概念图、产品展示图片、现场宣传材料。

效果：视觉和文案协调统一，品牌形象一致性更强。

五、Sora：数据驱动的精准市场策略

Sora 和 DeepSeek 的结合，可以从数据分析到策略生成，为企业提供精准的市场洞察与营销策略建议，适用于市场研究、产品定位、用户行为分析等场景。

1. 合作场景示例 1：市场趋势分析报告

① Sora 结合公开市场数据和企业数据，生成市场洞察报告

指令：请分析 2024 年短视频平台在 18~25 岁的用户中的增长趋势，包括用户活跃度、内容偏好和平台分布。

Sora 输出数据：

- 2024 年短视频用户增长 20%，Z 世代用户偏好娱乐和轻松幽默的内容。

- 某平台用户日均使用时长高于行业平均值15%。

②用 DeepSeek 生成分析报告和营销策略

指令：根据 Sora 提供的数据，为品牌生成一份针对年轻用户的短视频平台营销策略。

DeepSeek 输出：

短视频内容策略为优先考虑短节奏、有互动感的内容。

平台选择建议为重点投放于用户日均停留时间更长的平台。

KOL 合作策略为寻找擅长娱乐、话题轻松的达人进行联动推广。

2. 合作场景示例 2：产品推广和消费者反馈分析

用 Sora 分析数据：分析用户对产品的评价、常见问题和关注点。

用 DeepSeek 撰写优化文案和改进建议：

- 生成有针对性的产品推广文案，突出用户反馈中提到的产品优势。

- 提出产品升级方案或用户引导策略，提升用户满意度。

指令：请帮我生成一份产品发布计划的任务清单，分为3个阶段。

DeepSeek 生成任务清单：

阶段 1：前期准备

- 产品定价和包装设计

- 市场调研和用户访谈

阶段 2：营销推广

- 制订营销计划

- 设计社交媒体宣传材料

阶段 3：上线发布

- 安排上线时间

- 跟踪用户反馈和市场反应

总之，DeepSeek 在协作平台上有以下优势：

高效整理信息：生成会议纪要、文档总结，节省时间。

智能通知和提醒：自动发送会议通知、任务提醒，减少人工操作。

任务清单与分配：自动生成清单并分配任务，优化团队协作流程。

用一句话总结就是将 DeepSeek 整合到团队协作工具中，你可以大幅提升工作效率，让沟通、任务管理和信息整理更简单。

小贴士

- 如何将 AI 整合到工具中

Notion：在 Notion 中集成 DeepSeek 插件，或通过 API 接口调用 DeepSeek 提供的生成功能。

Slack：创建一个专属DeepSeek机器人，通过Webhook（一种回调机制）或DeepSeek插件连接Slack频道，实时接收和响应指令。

Trello：在 Trello 中连接 DeepSeek 助手插件，或通过Zapier 这样的自动化工具整合 DeepSeek 和 Trello。

- 使用模板提高效率

针对常见任务（例如，会议总结、任务分配、通知发送等），你可以创建 DeepSeek 指令模板，快速调用，无须每次重新输入。

DeepSeek 不只是一个"现成的 AI 工具"，它通过 API 接口，可以为开发者提供灵活的二次开发能力。无论你想构建智能客服系统、自动化数据分析工具，还是个性化推荐应用，DeepSeek API 都可以让 AI 成为你应用的一部分。

为什么要用 DeepSeek API？

灵活调用：你可以在自己的系统中调用 DeepSeek 功能，比如生成内容、回答用户提问、处理数据等。

自动化流程：用 API 让 DeepSeek 自动完成大量重复性任务，比如客户咨询、报告生成等。

定制化输出：根据你的需求，设定特定的风格、回答方式，甚至定制模型训练。

一、DeepSeek API 能帮你做什么

智能客服系统：通过 API 调用，让 DeepSeek 自动处理客户的常见问题，比如下单、退款、产品使用指南等，24 小时全天候服务。

智能生成内容：用 DeepSeek 生成个性化的邮件、产品介绍、社交媒体文案等，大幅提升内容创作效率。

自动化数据整理与报告生成：DeepSeek 自动提取、分析数据，并生成简洁的报告，适用于商业分析、市场调研等场景。

二、API 使用场景详解

1. 场景 1：智能客服系统

问题：客户经常询问类似的问题，人工客服疲于应付，效率低下。

解决方案：用 DeepSeek API 创建一个自动回复系统，识别用户问题并生成相应的答案，帮助客户快速解决常见问题。

API 调用（Python）：

python

复制编辑

```
import requests

url = "https://api.DeepSeek.com/v1/chat"

payload = {

    "model": "DeepSeek-chat",

    "messages": [{"role": "user", "content": "如何退货？"}]

}

response = requests.post(url, json=payload)

print(response.json())
```

DeepSeek 生成的回复：

您好，退货流程如下：

• 登录您的账户并选择"我的订单"。

• 找到您想退货的订单，点击"申请退货"。

• 填写退货原因并提交申请。

请注意，部分商品可能需要您承担退货运费。

扩展玩法：

• 你可以将这个回复功能集成到你的电商网站中，通过用户的提问自动显示 DeepSeek 生成的答案。

- 使用关键词触发机制，识别不同类型的用户需求（如"退款""换货""物流"），精准分配 DeepSeek 回复。

2. 场景 2：个性化内容生成（邮件、文案、推文等）

问题：你的市场团队需要经常写大量的推广文案、商务邮件和社交媒体推文。人工撰写不仅费时，还可能风格不统一。

解决方案：用 API 调用 DeepSeek，自动生成符合品牌调性的内容。

API 调用（Python）：

```python
复制编辑
import requests

url = "https://api.DeepSeek.com/v1/chat"
payload = {
    "model": "DeepSeek-chat",
    "messages": [
        {"role": "user", "content": "请帮我写一封商务邮件，邀请客户参加新品发布会"}
```

```
    ]
}
response = requests.post(url, json=payload)
print(response.json())
```

DeepSeek 生成的商务邮件：

主题：诚邀您参加我们的新品发布会

正文：

尊敬的_____（客户姓名）：

您好！

我们诚挚邀请您参加_____（公司名称）于_____（日期）举办的新品发布会。本次发布会将展示最新的_____（产品类型），我们特别为您安排了产品试用体验环节，并设有合作洽谈的专属交流时间。

期待您的莅临！如有任何疑问，请随时与我们联系。

此致

敬礼！

_____（公司团队）

扩展玩法：

· 多语言支持：通过 API，DeepSeek 可以生成不同语言的邮件或文案，快速实现国际化。

· 品牌语调定制：你可以让 DeepSeek 模仿你的品牌语调，确保输出的内容一致。

3. 场景 3：自动化报告生成与数据分析

问题：手动整理和分析数据费时费力，尤其在需要生成长期报告时，更是难以应付。

解决方案：用 DeepSeek API 自动提取、整理数据，并生成关键指标的分析报告。

API 调用（Python）：

```python
复制编辑
import requests

url = "https://api.DeepSeek.com/v1/chat"
payload = {
    "model": "DeepSeek-chat",
```

```
"messages": [
    {"role": "user", "content": " 根据我提供的销售数据，生
成季度销售趋势分析报告 "}
],
"attachments": [
    {"file": "path/to/sales_data.csv"}  # 附加数据文件
]
}
response = requests.post(url, json=payload)
print(response.json())
```

DeepSeek 生成的分析报告：

季度销售趋势报告

销售额趋势：本季度总销售额为 5000 万元，同比增长 15%。

关键产品表现：产品 A 销售额占总额的 30%，为本季度表现最好的产品。

区域表现：东部地区增长最快，同比增长 20%。

建议：

- 增加东部市场广告投放，进一步扩大市场份额。

- 针对表现较弱的产品，优化产品定价策略。

扩展玩法：

- 将 DeepSeek 生成的报告自动发送给相关负责人，减少手工整理数据的时间。

- 集成到商业智能系统中，让 DeepSeek 自动生成日报、周报、月报等。

DeepSeek 的进化之路

在极短时间内，DeepSeek 从一款新兴的开源大型语言模型迅速崛起，成为业内炙手可热的 AI 工具之一。它凭借低成本、高性能的训练架构和灵活的应用场景，不仅在中国市场火爆，也引起了众多硅谷科技公司的高度关注。

一、DeepSeek 是如何火起来的

2023 年母公司成立：杭州深度求索人工智能基础技术研究有限公司成立，迅速吸引了各大科技公司和创业者的关注。

2024 年全球扩张：最新版本 DeepSeek-R1 凭借其媲美 GPT-4o 的性能和极低的训练成本，在北美、欧洲等市场迅速扩张，成为许多企业内部使用的 AI 工具。

2025 年大规模商业化：DeepSeek 通过集成更多行业专属的

模块和第三方工具，正式进入市场营销、金融分析、内容创作等专业领域，成为各行业的"标配"工具。

二、未来，DeepSeek 会变得更强大、更智能

随着 AI 技术的不断发展，DeepSeek 将在以下几个方向实现突破。

1. 更强的记忆功能：成为真正的"长期助手"

DeepSeek 具备一定的记忆能力，能够在当前会话中保留上下文信息，并可通过 API 连接外部数据库，实现更长周期的个性化学习。

未来场景示例：

• 如果你是一名作家，DeepSeek 会记住你惯用的写作风格、叙述结构和素材库。等你下次创作时，它可以直接建议你参考或引用过去的资料或段落。

• 如果你是市场营销顾问，它会记住你对某个行业、目标人群的研究结果，并在新项目中自动为你提供相关分析。

技术解释：DeepSeek 的长期记忆功能将通过多层次存储结构实现。其短期记忆用于处理当前任务，长期记忆则通过增量学习机制动态调整 AI 对用户的理解，你使用越多，AI 越懂你。

2. 更精准的行业模型：针对不同行业提供定制化解决方案

DeepSeek 会开发更精准的行业模型，满足不同行业的特定需求。

未来场景示例：

- 在金融行业，DeepSeek 可结合外部金融数据源（如彭博集团提供的 API 服务）分析市场趋势，并为金融分析师提供数据驱动的辅助决策，但不直接提供实时投资建议。

- 在医疗领域，通过医学领域的专属模型，DeepSeek 可辅助医生整理病例、生成医学报告摘要，并提供医学文献参考，但最终诊断和治疗方案必须由专业医生决定。

- 在教育行业，DeepSeek 将整合 AI 学习助手模块，帮助学生进行个性化学习，快速掌握复杂概念。

技术解释：DeepSeek 的行业模型将基于"细粒度领域适配"的理念开发，通过大规模行业数据训练和专家反馈优化，使其在不同领域中表现出更高的专业性和准确性。

3. 更深度的 API 连接：与更多第三方工具无缝对接

未来的 DeepSeek 将支持更丰富的 API 连接，轻松集成到各种应用和工具中。

未来场景示例：

· 在企业管理系统中，DeepSeek 可以通过 API 自动生成项目计划、任务分配和进度跟踪报告。

· 在电商平台中，DeepSeek 能分析销售数据，预测用户需求，并自动生成个性化营销方案。

· 与 MidJourney 或 Runway 等视觉工具合作，直接将生成的文案与图片或视频同步输出，实现全流程自动化。

技术解释：DeepSeek 的 API 系统将采用模块化架构，允许开发者快速对接不同的工具和数据源，并通过跨平台任务调度实现多系统协同工作。

三、DeepSeek 将成为每个人的"智能副手"

未来，DeepSeek 不只是一个工具，而是"全场景的智能副手"，融入每个人的日常生活和职业场景，帮助你创造更多价值、提升工作效率。

未来可能的应用场景：

· 作为日常生活助手，DeepSeek 会帮你制订健身计划、推荐食谱、自动规划行程，成为无处不在的生活帮手。

· 作为创意与写作搭档，DeepSeek 能够根据你的草稿自动生成文章、小说大纲，以及给文章润色。

· 作为企业智能顾问，从市场调研到数据分析，再到策略生成，DeepSeek 都能提供实时、动态的解决方案。

未来的深远影响：DeepSeek 将不只是一个"辅助工具"，而是你的"知识引擎"和"决策伙伴"，让每个人都能在 DeepSeek 的帮助下更快、更好地实现目标。

四、DeepSeek 的未来愿景

更懂你：DeepSeek 通过长期记忆功能变成"真正了解你的私人助手"。

更专业：针对不同领域提供定制化解决方案，成为行业内不可或缺的工具。

更开放：支持与更多平台、工具无缝对接，打造跨系统的协同工作体验。

五、实操任务：打造你的专属 DeepSeek 助手

今天的任务：

· 让 DeepSeek 记住你的需求（输入"请记住我的职业和兴趣"）。

· 设定个性化回答方式（输入"请用简洁风格回答问题"）。

· 试着用 API 让 DeepSeek 处理某项任务（如果你懂编程，可以尝试 API 调用）。

第四章

解锁 DeepSeek
的 7 大使用技巧

在 AI 时代，写作和信息处理已不再只是"动笔"的事，而是如何高效组织信息和创意。作为当前极具潜力的 AI 写作助手之一，DeepSeek 正在重新定义这一过程。然而，许多人尚未完全掌握它的核心功能和独门技巧。这里我们将深入探讨 7 种高效使用 DeepSeek 的方法，带你从入门到精通，轻松驾驭 AI 写作，让它成为你的创意加速器和效率提升器。

灵活提示词：

释放思维，从模糊到清晰

核心理念：在普通 AI 写作工具中，用户往往需要用结构化的提示词才能获得高质量的输出，但 DeepSeek "听得懂" 你的日常语言。只要你说出需求，它就能灵活调整输出，从灵感发散到逻辑整理，一步到位。

一、普通用法 vs 深度用法

1. 普通用法（传统 AI 工具）

提示词必须精准且具备清晰的逻辑结构，类似"命令式"输入。

提示词：生成一篇介绍 AI 历史的 500 字文章。

2. 深度用法

允许你用对话式或模糊性提问，无须刻意打磨提示词，像和朋友聊天一样，直接说出自己的困惑。

提问：

- AI 是怎么发展的？用一个有趣的小故事介绍。

- 最近听到大家讨论元宇宙，我该从什么角度入手写一篇入门文章？

二、场景 1：写作灵感不足

你在写公众号科普文，但卡在了开头，想不到抓人眼球的方式。DeepSeek 可以根据模糊提示，给你多个可能的写作方向。

提示词：介绍未来职业发展趋势应该从哪些有趣的角度入手？帮我构思几段抓人眼球的开头。

输出：

- 假如你的孩子长大后成了"情绪调节师"，你可能会产生疑惑：这个职业是做什么的？

- 2035 年，你可能会雇一名 AI 私人助理，它比你爸妈还懂你。

三、场景 2：复杂任务，直接提目标

你需要整理一份市场报告，包含用户反馈、销售数据和竞争分析。过去你可能要分多次输入具体问题，但现在你只需简单概括目标即可。

提示词：帮我写一份关于电动车市场 2025 年趋势的报告，包含用户需求、技术发展和市场竞争分析。

效果：DeepSeek 能快速"猜出"你想要的重点，并生成包含多维信息的初稿，省去你手动分段输入的烦琐操作。

四、场景 3：需要创意建议

你正在写一份小说大纲，需要 AI 帮助你设计一个充满悬念的情节。你可以直接告诉 DeepSeek 你目前的思路，让它帮你补充或拓展。

提示词：我在写一本科幻小说，主角穿越到了未来荒废的地球，帮我想出一个意外反转的情节。

输出：

主角以为自己是最后一个幸存者，但偶然发现一座巨型图书馆，里面保存着失落文明的秘密，解密过程中发现还有人类活着的线索。

五、快速对比示例

当你机械化输入："写一篇关于太空探索的文章，600 字。"

AI 输出的内容往往千篇一律，缺少创意和层次感。

你模糊提问："人类在太空探索过程中遇到过哪些奇怪的现象？帮我从中挑一个话题写一篇充满趣味的文章。"

AI 输出更具吸引力，可能涉及发现外星信号、宇航员失联等引人入胜的情节。

DeepSeek 灵活提示词功能的核心价值在于降低门槛、释放思维、节省时间。你无须在提示词上花过多的精力，DeepSeek 会主动适应你的思路，帮助你从"灵感零散"到"条理清晰"一步到位。

小贴士

- 大胆模糊，别害怕出错。DeepSeek 更像一个善解人意的助手，能根据模糊的问题提炼出清晰的答案。

- 多提几个"灵感问题"。当你不知道如何下手时，可以让 DeepSeek 先列出几个思路或提纲，再从中挑选最适合的。

- 探索不同风格的对话。如进行带有情感描述的提问："假如我是一个普通人，应该如何看待 AI 的崛起？"你会得到更具温度和情感化的输出。

精准提问，直击最佳输出

核心理念：当你告诉 AI 更多背景和目标时，它就像和你有"心灵感应"，能直接给你提供你最想要的结果。

核心公式："你是谁、要做什么、希望达到什么效果、担心什么"是使用 DeepSeek 的黄金秘诀，尤其适用于需要高质量、精准输出的场景。它能让 AI 根据你的特定需求调整语言、结构和风格，减少反复修改的时间。

一、普通用法 vs 深度用法

1. 普通用法（仅提供简单目标）

提示词：写一篇关于 AI 在教育中应用的文章。

效果：生成的文章可能过于宽泛，涉及的内容层次不清晰，且难以契合特定读者的口味。

2. 深度用法（用核心公式丰富背景）

提示词：我是一名中学教师，正在准备一篇关于 AI 如何帮助学生提高学习效率的文章。目标读者是中学生家长，文章要简洁有趣，担心用太多技术术语会让他们读不下去。

效果：DeepSeek 会自动识别目标群体，调整语气和用词，输出一篇既生动又贴近家长需求的文章。

二、场景 1：撰写专业报告

提示词：我是一个创业者，想写一份面向投资人的商业计划书，介绍我的 AI 教育产品。希望突出产品的市场潜力和竞争优势，同时担心数据部分可能过于技术化，投资人看不懂。

效果：DeepSeek 可能生成的内容结构包括产品介绍、市场数据、竞争优势、用户案例等，每部分都用简单的图表和易懂的语言呈现，确保投资人能快速抓住重点。

三、场景 2：公众号文章或科普文

提示词：我是一个科技博主，想写一篇关于未来汽车技术的文章。希望能吸引年轻人，文章既要有前沿科技感，又不能太学术，以免用词枯燥乏味。

DeepSeek 可能生成：

- 开头以未来驾驶的沉浸式描述引人入胜。

- 中间用轻松幽默的语言介绍电动汽车和自动驾驶。

- 结尾提供一两个大胆预测，让读者产生"期待感"。

输出：

想象一下，你坐在车里，手不碰方向盘，AI 已经帮你规划了最快捷、最安全的路线。这不是电影，而是 10 年内能实现的现实！

四、场景 3：电商或产品推广文案

提示词：我是一名品牌运营经理，正在撰写一篇宣传我们公司新款跑鞋的文案。我希望文案凸显舒适性和科技感，避免技术描述造成文风生硬。

DeepSeek 可能生成：

- 将枯燥的材料科技介绍转化为"脚感故事"，例如"穿上它的感觉像踏在云端"。

- 针对目标客户群调整文案风格，比如根据年轻运动爱好者和上班族的不同需求调整文案。

五、公式细分讲解

你是谁：让 AI 了解你的身份或职业背景，生成内容时能有更强的针对性和专业性。

要做什么：清楚说明目标任务，比如写科普文章、报告、广告文案等，便于 AI 定义输出的核心结构。

希望达到什么效果：明确你希望输出的文章语气、风格或读者群体。例如，正式、轻松、有趣、严肃等。

担心什么：告诉 AI 你最担心的地方，比如"内容太学术化""语言太枯燥"或"信息太笼统"，它会主动避免这些问题。

六、快速对比示例

简单输入：写一篇关于 AI 对教育的影响的文章。

输出效果：宽泛的 AI 应用，重点可能不清晰。

核心公式输入：我是一位教育研究者，正在撰写一篇讨论 AI 辅助学习的文章。读者是中学生及其家长，语言要简单有趣，担心技术术语会让他们失去阅读兴趣。

输出效果：结构清晰，重点突出，语言贴近目标读者。

通过"核心公式"提供的背景和细节，DeepSeek 可以让你的提示词变得更有目标感、更高效、更贴合需求。如此使用 DeepSeek，一次输入即可获得符合预期的输出，避免反复修改和调整，真正做到精准提问、事半功倍。

小贴士

- 提供细节背景。信息越多，DeepSeek 越了解你的需求，尤其是提问者身份和受众群体非常关键。

- 用担忧优化输出。大胆说出你最不想要的结果，DeepSeek 会在生成时自动规避，比如"避免学术化"或"不要枯燥"。

- 保存常用公式。将自己常用的"身份—目标—效果—顾虑"格式保存起来，类似"写作模板"，可以在不同的任务中快速复用。

核心理念：很多人对AI生成的内容有一种"专业恐惧症"——太多术语、太过晦涩，读起来像是在"啃"论文。但DeepSeek破除了这一障碍，运用自然语言处理能力，可以将复杂的概念转化为通俗易懂的大白话，让知识轻松"飞入寻常百姓家"。

一、普通用法 vs 深度用法

1. 普通用法（缺乏情感化和通俗转化）

输入：解释机器学习。

输出：

机器学习是一种基于数据训练算法，通过模式识别进行预测和优化的技术。

效果：专业性强，但对普通人不友好，理解门槛高。

2. 深度用法（情境化＋生活化类比）

输入：简单通俗地告诉我机器学习到底是怎么回事。

输出：

机器学习就像你教孩子认猫和狗，一开始孩子可能分不清，但看得多了，他／她就知道哪些是猫，哪些是狗。

效果：直观、生动，让人一听就懂。

二、场景 1：科学普及

提示词：用简单的语言解释什么是区块链。

输出：

区块链就像一本透明的大账本，所有人都能看到每一笔交易，无法随意改动，大家都确认无误后才算完成记录。

效果：这类表达能让对区块链毫无概念的人瞬间理解其本

质，特别适合在科普类文章或公众演讲中使用。

三、场景 2：为孩子讲解复杂概念

提示词：用儿童能听懂的语言解释宇宙膨胀。

输出：

想象宇宙像一块正在发酵的面团，宇宙中的物质就像在上面撒满了的葡萄干。随着面团不断膨胀，葡萄干之间的距离也越来越远，这就是宇宙在变大的过程。

效果：通过孩子日常能接触到的生活现象，轻松将抽象的科学现象具象化。

四、场景 3：企业内部培训

提示词：用非技术人员能听懂的方式解释大数据分析。

输出：

你知道每次你用会员卡在商场里买东西时，他们都在记录你的购买数据吗？通过分析这些数据，商场知道你爱买什么、什么时候买，就可以精准推荐你喜欢的商品。

效果：在企业内部会议、员工培训等场合，采用这种接地气的说法，能让非技术员工快速理解大数据的实际应用。

五、快速对比示例

普通输出：量子计算利用量子叠加态和量子纠缠实现高效并行计算。

理解难度：高，非专业人士听完可能一头雾水。

通俗输出：量子计算就像你同时走很多条路，最终找到最快的一条，而普通计算机只能一条一条地走。

理解难度：低，通过简单类比降低概念复杂度。

六、技巧拆解：如何让 DeepSeek 输出"接地气"的内容

1. 加入生活化场景

在提示词中直接要求 DeepSeek 使用"日常生活中常见的现象"

来解释。

提示词：用打游戏的比喻解释什么是云计算。

输出：

云计算就像你玩网络游戏时，游戏数据并不是存储在你的电脑上，而是在远程的服务器上，你随时随地都能连接进去。

2. 强调目标读者

说明你希望内容适合谁读，比如小学生、普通上班族等，DeepSeek 会根据受众调整语言和用词。

提示词：帮我用适合中学生的语言解释基因编辑。

输出：

基因编辑就像修改一本书的章节，你可以删掉不想要的段落，也可以加上新的内容，让故事变得更精彩。

3. 明确避免专业术语

可以直接告诉 DeepSeek "不要用专业术语" 或 "别太学术"，让它自动选择更通俗的词汇。

提示词：不用专业术语，解释什么是 5G（第五代移动通信技术）网络。

输出：

5G 网络就像超级高速公路，数据可以飞快地在上面跑，下载视频、打游戏都不会卡顿。

DeepSeek 的"通俗表达"让复杂概念从"难以理解"到"秒懂"只需几步。无论是面向普通读者、学生还是非技术人员，它都能轻松驾驭不同场景，帮你用最简单的语言传递深奥的知识。这不仅能提高沟通效率，还能拉近与读者的距离，让知识变得更温暖、更有趣。

小贴士

• 加上"像在跟小学生讲"这样的说明。这会让 DeepSeek 更倾向于通俗输出。

• 用比喻引导。比如"想象它是……"或"就像……"，让 DeepSeek 通过具体类比解释复杂概念。

• 多角度尝试。如果一次生成的解释不够通俗，可以让 DeepSeek 生成几个不同的类型，再选出最易懂的版本。

"杠精"模式：
用辩论打磨观点，快速生成多维视角

核心理念：在质疑中成长。这不仅是我们成长的智慧，也是 AI 帮助我们优化文章、打磨观点的秘密武器。DeepSeek 的"杠精"模式允许它反驳我们给出的观点，列出多个反对理由，再进行自我辩论，最终形成一个完整的辩论闭环。这种模式特别适合在观点性写作、学术论文和商业论证中使用，让论证更加全面、成熟、有说服力。

一、普通用法 vs 深度用法

1. 普通用法（仅生成单一角度）

输入：列出若干条 AI 在教育中的积极作用。

输出效果：简单列出几点正面效果，比如提高学习效率、提供个性化辅导等。

2.深度用法（多角度分析＋反驳闭环）

输入：AI 对教育的负面影响有哪些？请列出 10 条并逐一反驳。

输出：

• 负面影响 1 为 AI 可能让学生产生惰性，过于依赖技术而忽视基础能力。

反驳：AI 的设计初衷是辅助学习，而非替代学习。通过合理引导，学生可以利用 AI 解决烦琐问题，将更多精力放在创新和批判性思考上。

• 负面影响 2 为 AI 生成的信息可能存在偏差或错误，误导学生。

反驳：AI 输出十分强大，但这并不意味着学生就要照单全收。教师和家长可以引导学生锻炼信息辨别能力，学会交叉验证和质疑权威。

二、场景 1：研究报告或会议讨论

提示词：AI 是否应该广泛应用于基础教育？列出反对和支持的理由，并得出一个权衡后的结论。

输出：

- 反对理由为技术资源分布不均，可能导致教育不公平。

- 支持理由为 AI 能为资源匮乏地区提供远程教育资源，减少教育鸿沟。

- 权衡结论为 AI 在教育领域的应用应逐步推进，同时关注教育资源的公平分配，确保所有学生都能受益。

效果：通过这种自我辩论的方式，你可以轻松整理出一篇结构完整、逻辑清晰的文章。

三、场景 2：商业决策分析

提示词：我公司计划引入自动化流程，但团队有分歧。请列出反对自动化的理由，并针对每个反对意见进行反驳。

输出：

- 反对理由 1 为自动化可能导致部分员工失业，影响团队士气。

反驳：可以通过内部培训让员工转岗至具有更高价值的岗位，减少失业风险，增强团队的整体技能。

• 反对理由 2 为引入新系统需要高昂的前期投资，短期内无法收回成本。

反驳：从长期来看，自动化将降低运营成本、提高效率，并在未来几年内实现投资回报。

四、场景 3：社交媒体或公众号文章

提示词：生成一个关于"年轻人是否应该辞职追求梦想"的辩论。

输出：

• 支持观点为人们年轻时应该追求梦想，否则未来可能会遗憾。

• 反对观点为过于冲动的辞职可能导致财务困境，甚至影响人的心理状态。

• 权衡结论为梦想和现实并非对立，制订合理的计划可以让你在保障基本生活的同时逐步实现梦想。

效果：辩论闭环能让你的文章呈现出不同的立场，引发读者思考和互动。

五、快速对比示例

普通输入：列出 AI 的好处。

普通输出效果：简单罗列，比如"提升效率""助力个性化学习"等。

"杠精"模式输入：AI 对未来工作环境的影响有哪些？请列出正反两方面的观点并得出结论。

通俗输出效果：分析不同层面的利弊，比如工作机会减少、效率提升、再培训需求等，最终提出折中方案。

六、技巧拆解：如何用好"杠精"模式

• 给出明确的辩论主题。在提示词中明确指出辩论的焦点，例如"某项政策是否应该实施""某个技术对社会的利弊"等。

• 让 DeepSeek 列出具体数量的理由。可以指定列出 10 个反对意见、5 个支持意见或 3 个权衡点等，帮助你控制文章的长度和逻辑层次。例如"请列出 5 个反对自动驾驶技术的理由并逐一反驳"。

• 要求权衡并得出结论。除了列出正反理由外，还可以要求 DeepSeek 进行权衡分析并给出最终建议，让输出内容更完整。例如"针对 AI 生成的艺术作品，列出正反观点，并提出一个中

立的监管建议"。

小贴士

• 善用反驳功能。辩论的价值不仅在于列出反对意见，更重要的是通过反驳来完善观点，让输出的内容更有逻辑和深度。

• 扩展辩论链条。如果需要更长的内容，可以让 DeepSeek 针对每个反驳理由再生成二次反驳，形成多轮辩论。

• 灵活调整数量。不同场景下，可以让 DeepSeek 生成 3 个、5 个或 10 个反对理由，快速控制文章的篇幅和层次。

DeepSeek-R1 模型助力：
用批判性思考深入挖掘复杂问题

核心理念：有时候，简单的答案远远不够，尤其在面对多维度、复杂性强的问题时，我们需要 AI 进行深度思考，才能得到更有逻辑、更可靠的结论。DeepSeek 的 R1 模型正是为此而生，它能模拟"100 次批判性思考"——每次生成初稿后进行自我批评、优化、再生成，最终输出逻辑严密、多角度分析的答案。

一、普通用法 vs 深度用法

1. 普通用法（表层分析）

输入：分析新能源技术的未来发展趋势。

输出效果：可能只涉及新能源市场规模或技术突破，缺乏全面性。

2. 深度用法（批判性推演＋多维分析）

输入：从环境、科技和人文角度，深入分析新能源技术未来10年的发展趋势。

输出：

- 从环境维度看，新能源技术有助于减少温室气体排放，但资源开发可能带来新的环境负担，如锂电池材料的开采污染。
- 从技术维度看，电池储能技术是关键突破口，但短期内技术瓶颈仍然存在，可能延缓市场大规模推广。
- 从人文维度看，新能源推广需要公众意识和政策支持，尤其在欠发达地区，教育和普及仍是重要挑战。

效果：从多维度分析中得出结论，并提供具体应对策略，比如如何通过政策干预和技术研发平衡新能源技术发展。

二、场景 1：行业研究报告

提示词：深入分析未来 10 年人工智能对就业市场的影响，从经济、技术和社会 3 个方面探讨。

输出：

· 从经济维度看，短期内 AI 自动化可能导致部分领域的从业者失业，但长期来看，它会创造更多高技能岗位。

· 从技术维度看，不同领域 AI 应用成熟度不同，部分行业受到的冲击更大，比如制造业和物流业。

· 从社会维度看，AI 普及可能加剧收入不均，因此需要政府介入，推动再培训和技能提升项目。

效果：生成的内容逻辑清晰、覆盖全面，能够直接用于行业白皮书或高质量报告。

三、场景 2：政策研究与建议

提示词：针对全球气候变化，从政策、技术和公众参与 3 个层面分析减排措施的可行性。

输出：

· 从政策层面分析，政府需要设定更严格的碳排放目标，同时通过国际合作应对跨国环境问题。

• 从技术层面分析，需要加大对碳捕获与储存技术的投资，并提高清洁能源技术的普及率。

• 从公众参与层面分析，大规模的减排效果取决于公众的环保意识，需要通过宣传和教育提高公民参与度。

效果：DeepSeek-R1 模型能提出细致入微的应对方案，并基于批判性思考，提出潜在风险与应对措施，让政策制定更具可行性。

四、场景 3：产品战略与市场分析

提示词：分析电动汽车在未来 5 年内的市场扩张潜力，综合技术创新、市场竞争和用户需求 3 个角度。

输出：

• 从技术创新角度分析，固态电池技术是未来发展的关键，一旦突破，电动汽车将迎来大规模市场爆发。

• 从市场竞争角度分析，传统汽车厂商和新兴电动汽车品牌之间竞争激烈，可能引发价格战并推动创新加速。

• 从用户需求角度分析，消费者越来越倾向于环保出行，但充电基础设施仍是做出购买决策时的重要考虑因素。

效果：通过批判性推演，提供一份包含机遇和风险的市场分析报告，为企业战略决策提供参考。

五、快速对比示例：表层分析 vs 批判性思考

普通输入：分析电动汽车市场的未来趋势。

输出效果：简单预测市场规模和用户增长，缺少深入的风险和机会分析。

DeepSeek-R1 模型输入：从政策、技术、用户和市场竞争 4 个角度，批判性分析电动汽车市场未来 5 年的发展趋势。

输出效果：多维度分析电动汽车市场的潜在机遇和挑战，并提供具体的应对建议，比如推动充电桩普及、投资核心技术等。

六、技巧拆解：如何激活 DeepSeek-R1 模型的批判性思考

提出具体的多角度分析需求。在提示词中明确指出需要从哪些不同角度探讨，比如从政策、市场、技术、用户行为等维度入手。例如："从经济、环境和社会影响 3 个维度分析核能的发展前景。"

让 AI 进行批判性反思并修正。可以在提示词中要求 AI 进行

初步分析后，再对结论进行批判和修正，确保内容的深度和逻辑性。例如："先分析人工智能对文化产业的影响，再批判其可能存在的偏见和盲区，并提供修正建议。"

综合利弊分析，得出平衡方案。在批判性思考过程中，要求 AI 列出优点和缺点，并提出折中的解决方案。例如："分析无人驾驶技术的优缺点，并提出如何降低安全风险的解决方案。"

通过 DeepSeek 的 R1 模型，你不再需要逐步收集信息、反复验证，而是让 AI 自动完成多轮批判性思考和优化推演，快速生成高质量的分析报告或战略建议。无论是行业研究、政策制定还是市场分析，DeepSeek-R1 模型都能让你的分析具有更强的逻辑性和可操作性且更有深度，远超简单的表层分析。

小贴士

- 多角度设置提示词。分析维度越多，输出的内容越深入。确保至少包含 3 个以上的角度，如政策、市场、用户等。

- 让 DeepSeek 自我批判。引导 DeepSeek 从生成的初步结论中发现漏洞或盲点，并重新优化结果。

- 结合对比模式。如果需要详细的比较，可以让 DeepSeek 生成不同方案的优缺点对比表，为决策提供参考。

七、批判性分析万能提示词模板

下面是一些通用的批判性思考提示词模板，涵盖政策、市场、科技、社会等不同领域。你可以将这些模板中的关键词直接替换成你需要的主题，无须过多行业背景知识就能轻松上手。

1. 市场与商业分析

提示词模板 1：从市场需求、竞争环境和技术创新 3 个角度，分析＿＿＿＿＿＿（产品 / 行业）未来＿＿＿＿＿＿（具体时间）的增长潜力，并列出可能的挑战及应对措施。

示例：从市场需求、竞争环境和技术创新 3 个角度，分析新能源汽车未来 5 年的增长潜力，并列出可能的挑战及应对措施。

提示词模板 2：列出＿＿＿＿＿＿（行业 / 产品）未来发展的 5 个机遇和 5 个风险，并提出解决方案。

示例：列出可穿戴设备行业未来发展的 5 个机遇和 5 个风险，并提出解决方案。

提示词模板 3：对＿＿＿＿＿＿（公司或产品）在＿＿＿＿＿＿（市场 / 行业）中的竞争力进行批判性分析，包括技术优势、市场份额和潜在弱点。

示例：对特斯拉在新能源汽车市场中的竞争力进行批判性分

析，包括技术优势、市场份额和潜在弱点。

2. 政策和社会影响分析

提示词模板 1：从经济、社会和环境 3 个角度，批判性分析_____（政策 / 措施）可能带来的利弊，并提出优化建议。

示例：从经济、社会和环境 3 个角度，批判性分析碳税政策可能带来的利弊，并提出优化建议。

提示词模板 2：对_____（政策 / 项目）的可行性进行批判性推演，分析其短期效果和长期影响。

示例：对全民基本收入政策的可行性进行批判性推演，分析其短期效果和长期影响。

提示词模板 3：从公平性、效率和公众接受度 3 个角度，批判性分析_____（社会项目 / 改革）是否适合大规模推广。

示例：从公平性、效率和公众接受度 3 个角度，批判性分析新能源汽车购车补贴是否适合大规模推广。

3. 科技与创新

提示词模板 1：对_____（技术 / 产品）的核心突破和技术瓶颈进行批判性分析，列出可能的技术风险及应对措施。

示例：对 AI 在医疗诊断中的核心突破和技术瓶颈进行批判

性分析，列出可能的技术风险及应对措施。

提示词模板 2：从用户需求、技术成熟度和市场接受度 3 个角度，分析_____（技术）大规模应用的可行性及可能面临的挑战。

示例：从用户需求、技术成熟度和市场接受度 3 个角度，分析自动驾驶汽车大规模应用的可行性及可能面临的挑战。

提示词模板 3：列出_____（新兴技术）可能带来的 5 个正面影响和 5 个潜在问题，并提供权衡方案。

示例：列出生成式 AI 可能带来的 5 个正面影响和 5 个潜在问题，并提供权衡方案。

4. 环境与可持续发展

提示词模板 1：从环境影响、经济效益和技术可行性 3 个方面，分析_____（清洁能源 / 环保措施）的推广潜力。

示例：从环境影响、经济效益和技术可行性 3 个方面，分析风能发电的推广潜力。

提示词模板 2：列出_____（环保项目）可能的 3 大优势和 3 大挑战，并提出关于如何应对这些挑战的方案。

示例：列出城市垃圾分类政策可能的 3 大优势和 3 大挑战，并提出关于如何应对这些挑战的方案。

提示词模板 3：对_____（技术或政策）的生态影响进行批判性分析，列出可能的长期风险和短期收益。

示例：对太阳能电池板推广的生态影响进行批判性分析，列出可能的长期风险和短期收益。

5. 伦理与社会责任

提示词模板 1：从隐私保护、道德伦理和用户体验 3 个角度，批判性分析_____（技术／平台）可能对社会产生的负面影响，并提出改进建议。

示例：从隐私保护、道德伦理和用户体验 3 个角度，批判性分析社交媒体算法可能对社会产生的负面影响，并提出改进建议。

提示词模板 2：分析_____（新技术／措施）在伦理、法律和公众接受度方面的争议，并提出中立的解决方案。

示例：分析人类基因编辑技术在伦理、法律和公众接受度方面的争议，并提出中立的解决方案。

6. 综合权衡和决策支持

提示词模板 1：列出关于_____（项目／计划）的正反观点，并批判性分析各自的合理性，给出综合建议。

示例：列出关于 AI 生成艺术品的正反观点，并批判性分析各自的合理性，给出综合建议。

提示词模板 2：针对＿＿＿＿＿（问题／挑战），列出至少 3 种可能的解决方案，并批判性分析它们的优缺点，推荐一个最佳方案。

示例：针对城市交通拥堵问题，列出至少 3 种可能的解决方案，并批判性分析它们的优缺点，推荐一个最佳方案。

7. 万能句型总览（可自由组合）

•从（角度 1、角度 2、角度 3）3 个角度，批判性分析＿＿＿＿＿（问题／政策／项目）的影响，并给出权衡建议。

•列出＿＿＿＿＿（主题）的 5 个优势和 5 个潜在风险，并提供应对策略。

•对＿＿＿＿＿（技术／政策）进行批判性推演，探讨其短期和长期的正负面效果。

•从＿＿＿＿＿（用户／市场／伦理）的角度出发，分析＿＿＿＿＿（产品／政策）的可行性并提出优化建议。

这些万能提示词可以让你在不同领域快速生成批判性分析、多维度报告和可操作性建议。只需替换关键词，就能覆盖广泛的应用场景。下一次面对复杂任务时，无须过多思考，直接使用这些模板，让 DeepSeek 帮你完成从数据分析到战略决策的飞跃。

模拟网络争论：
如何优雅地回击恶评

核心理念：面对恶评或网络暴力，很多人容易陷入情绪化的旋涡，但有时候，"温柔且坚定"的回击能更有效地扭转局面。通过 DeepSeek，你可以将恶评复制粘贴进提示框，让 AI 帮你生成一段既有逻辑又不失风度的回击，再直接复制粘贴回去，轻松应对网络上的"挑衅者"。

一、识别恶评，选择应对策略

首先，明确恶评的类型和严重程度。恶评通常分为 3 种：

普通负面评论：指出产品 / 观点的不足或表达失望，例如："这个产品根本没用，浪费钱。"

情绪化指责：带有较强的情绪色彩，但缺乏具体事实支持，例如："你的观点真可笑，别出来丢人现眼。"

恶意攻击／网络暴力：涉及人身攻击或恶意诋毁，例如："你根本不配谈论这个话题，闭嘴吧。"

应对策略需要根据恶评类型来选择幽默的反击、逻辑性回应或坚定的澄清。

二、复制恶评并输入 DeepSeek 提示词

将对方的评论复制到 DeepSeek 中，并根据你的需求设置提示词，让它生成温柔而有力的回击。

示例提示词 1（温和逻辑型）：有人评论："你的文章写得很差，一点逻辑都没有，浪费我的时间！"请帮我写一段温柔且坚定的回复，解释我的观点并邀请对方进一步讨论。

DeepSeek 生成的回复：

感谢你花时间阅读我的文章，虽然我们看法不同，但我非常重视你的意见。如果你有具体的改进建议，我很乐意听取。毕竟，讨论的本质是为了共同进步。

示例提示词 2（幽默反击型）：有人评论："你写的内容真的一文不值，谁会花时间看？"请帮我写一段带有幽默感但不伤

人的回复。

DeepSeek 生成的回复：

看来我的文章不仅被你看完了，还让你有了情感输出的欲望，这已经是一种价值了吧！不过，如果你有更好的想法，欢迎分享。

示例提示词 3（坚定理性型）：有人恶意评论："你根本不配谈这个话题，闭嘴吧！"请帮我生成一段坚定且理性的回复。

DeepSeek 生成的回复：

每个人都有表达自己观点的权利，而我的立场来自多年的研究和实践。如果你有不同的见解，我愿意听取，但攻击无法改变事实。

三、优化并复制回复内容

在 DeepSeek 生成的回复中，如果有部分措辞需要调整，可以直接在提示框中进行二次优化。

优化提示词：用更简短、直击重点的方式重写这段回应，让它有力但不失礼貌。

DeepSeek 优化后的输出：

不同观点是讨论的起点，而不是终点。如果你愿意分享具体的意见，我们的讨论会更有意义。

复制优化后的回复内容，粘贴到评论区。

四、复制粘贴，温柔但不退让

将 DeepSeek 生成的回复直接复制粘贴到评论区，保持温和而有力的态度。

恶评者："你的这些观点根本站不住脚，别浪费别人的时间了。"

回复：

感谢你花费时间和评论。如果你愿意指出具体的问题，我很乐意改正，但空泛的批评无法推动讨论。

恶评者："这篇文章简直无聊透顶，写这种东西有意义吗？"

回复：

也许它并不适合你的兴趣，但每个人都有不同的关注点。如果你有不同建议，我很期待听到。

五、场景 1：公众号或社交媒体

当你发表一篇科普文章、生活见解或观点分析时，可能会遇到负面评论。使用 DeepSeek 快速生成优雅的回复，不要让自己陷入无意义的争论。

提示词：某位网友评论："你的文章没有任何新意，别出来丢人现眼。"帮我生成一段既幽默又不失礼貌的回复。

输出：

谢谢你的提醒！看来我确实有提高的空间。如果你能提供具体的改进建议，我一定虚心接受。

六、场景 2：产品或品牌遭遇负面反馈

企业面对恶评时需要小心应对，既要维护品牌形象，又不能激化矛盾。DeepSeek 可以生成具有"公关温度"的专业回复。

提示词：一位顾客评论："产品太差劲了，我很后悔买它。"

帮我生成一段既表达歉意又能解决问题的客服回复。

输出：

很抱歉引起您的不满，您的反馈对我们非常重要。请告诉我们具体的问题，我们将第一时间为您解决，让您的体验更好。

通过"复制—生成—优化—粘贴"这套简单的操作流程，DeepSeek 可以帮助你在面对恶评和网络暴力时，从容应对，温柔回击。无论是个人用户还是企业品牌，都能利用这项功能，在冲突中保持冷静，用有温度、有力道的语言赢得讨论的主动权，化解冲突，扭转局面。

小贴士

- 明确你的语气需求。根据评论的严重程度和场景，选择"幽默型""温和型"或"逻辑型"回击风格。

- 直接复制粘贴恶评，节省时间。DeepSeek 可以从恶评中自动提取关键信息，生成有针对性的回复。

- 避免陷入情绪化。当面对恶意攻击时，冷静应对是最好的策略，DeepSeek 会帮你控制语言，让你在回击中占据优势。

模仿"大神"写作：

从李尚龙的温情到曹雪芹的古典，开启你的写作大冒险

核心理念：每一位著名作家都有自己独特的"文风密码"，通过模仿他们的语言、文章结构和情感表达，你不仅能让自己的写作更有深度，还能在不同场景中轻松切换风格。从李尚龙老师的温情励志文案，到莫言的乡土叙事，再到曹雪芹的古典美学，你将一步步走进文学世界的"殿堂级创作模式"。

一、普通用法 vs 深度用法

1. 普通用法（普通风格生成）

输入：写一篇关于成长的短文。

输出效果：平平无奇的故事，缺少灵魂和文风特色。

2. 深度用法（模仿经典风格）

输人：模仿李尚龙的温暖励志风格，写一段适合制作短视频的文案，主题是"一个普通人的努力"。

输出：

凌晨 3 点的街头总是安静的，唯有便利店门前有一盏孤独的路灯，照着那个匆匆跑回出租屋的外卖小哥。他并不知道，这份沉默的坚持会在未来某天悄然改变他的命运。

效果：细腻而真实，特别适配短视频背景音乐，容易引发观众共鸣。

二、场景 1：短视频文案（模仿李尚龙的温情励志风格）

提示词：模仿李尚龙的写作风格，为短视频写一段关于青春告别的温情文案。

输出：

那些没来得及说再见的夏天，没吃完的烧烤摊，没走过的小路，都被封存在日记的夹页里。也许再见的时候，我们都变得不一样了，但那些没说出口的告别，早已成为永恒的印记。

效果：短视频文案结合画面和音乐，营造温暖又伤感的氛围，直击青春回忆。

三、场景2：小说叙事（模仿莫言的乡土叙事风格）

提示词：模仿莫言的风格，为一本乡村题材的小说写开头。

输出：

那是一个闷热的夏天，稻田里的青蛙唱了一整夜，小河边的牛群在树荫下懒懒地甩着尾巴。而田间的小道上，一个少年正蹲着削一根柳树枝，手上的茧子比柳枝还粗糙。他的父亲在村里有名气，但名声并不好。

效果：充满乡土气息的细腻场景描写，能够迅速引发读者对人物命运的好奇心。

四、场景 3：演讲稿（模仿李世民的霸气风范）

提示词：模仿李世民的风格，写一篇在公司年会上激励团队的发言稿。

输出：

今日之胜利，来自你们的每一滴汗水和坚持。商场如战场，胜利并非一蹴而就，而是对无数次艰难险阻的跨越。未来的挑战会更大，但我知道，只要我们同心协力，就必将再次站上高峰，睥睨四方！

效果：雄壮有力、充满激情的语言让团队年会更具仪式感，能够激励士气。

五、场景 4：家庭剧剧情（模仿《红楼梦》的文学风格）

提示词 1：模仿《红楼梦》的风格，创作一段家庭剧中姐妹间因家族利益产生冲突的情节。

输出：

夜深人静，偏厅的烛火摇曳着，照得墙上影影绰绰。姐姐冷冷地望着桌上的账簿，尖利的声音如刀般刺破了空气："你想用这几页纸，就把家产分走一半？"妹妹的眼中闪过一丝泪光，却咬紧牙关："你知道的，我只是要回属于我的东西。"一场家族风波，在这静谧的夜里拉开了序幕。

效果：人物情感与环境描写交织，细腻的笔触展现出复杂的家族关系，尤其适合长篇家庭剧创作。

想象一下，未来AI可能会补全《红楼梦》未完成的章节——那个悬而未解的结局、被许多人猜测的家族命运或许将被"揭晓"。

提示词2：模仿曹雪芹的风格，续写《红楼梦》结尾。

输出：

雨停了，黛玉坟上新生的青草还带着泥香，三月的风轻拂而过，仿佛是她在低声呢喃。贾府大门上的朱漆脱落，岁月将一切推向不可挽回的结局。那些繁华过往，终究不过是南柯一梦。梦醒时，人已非。

六、万能提示词模板：轻松模仿经典风格

短视频文案类：模仿某人的风格，为短视频写一段关于某主题的文案。例如："模仿李尚龙的风格，为短视频写一段关于'梦想和现实'的文案。"

小说叙事类：模仿莫言 / 沈从文的风格，写一段关于乡村生活 / 成长故事 / 情感纠葛的小说开头。例如："模仿莫言的风格，为一本以乡村少年为主角的成长小说写开头。"

演讲稿类：模仿李开复 / 丘吉尔的演讲风格，为企业 / 学校 / 团队撰写一篇激励发言稿。例如："模仿李开复的风格，为公司新年开工大会写一篇发言稿。"

古典叙事类：模仿《红楼梦》的叙事风格，为一段家庭冲突 / 悲剧情节创作情节发展。例如："模仿《红楼梦》的风格，创作一个家族利益争斗的戏剧性场景。"

模仿经典并非简单的复制，而是通过风格化的表达，让你的写作更具层次感和艺术性。无论是李尚龙的温暖、莫言的乡土气息，还是曹雪芹的古典叙事，DeepSeek 都能成为你的"写作导师"，帮你打造有深度、有风格、有情感的作品——让写作不再局限于一种模式，而是成为一场充满无限可能的创作冒险。

DeepSeek 不仅是一个普通的 AI 写作工具，更像是一位"全

能写作助教"。无论是陪你辩论、替你翻译，还是帮你模仿文学大师创作，它都能轻松胜任。通过掌握灵活提示词、批判性分析、模仿文风等多种技巧，你可以用它快速完成科普文章、短视频文案、小说创作、公文、演讲稿、市场分析等各类写作任务，真正实现从零基础到高手的写作进阶之路。

在 AI 的辅助下，你不仅能写出逻辑缜密的分析文章，还能创作出具有情感温度和艺术美感的文学作品。AI 工具为你的创作增添无限可能。

用好 DeepSeek，让你变成创作达人。

拓展：

各类场景提示词实用模板

一、科普 / 知识分享类

公式模板：我是一位＿＿＿＿＿＿（身份或职业，如教师、博主、工程师），希望写一篇关于＿＿＿＿＿（主题）的文章，读者是＿＿＿＿＿（目标人群）。我希望＿＿＿＿＿＿（目标效果，如简单易懂、有趣幽默、逻辑清晰），并避免＿＿＿＿＿＿（担忧，如太枯燥、太技术化）。

示例1：我是一名高中物理老师，想写一篇关于量子力学的科普文，目标读者是高中生。我希望文章简单有趣、带有生活化类比，避免使用难懂的专业术语。

示例2：我是一名科技博主，想写一篇关于5G网络的入门科普文，目标读者是普通上班族。我希望内容简单易懂，让读者在5分钟内了解5G的核心概念。

二、辩论分析类

公式模板：从_____（多个维度，如经济、社会、科技）批判性分析_____（主题或问题）的正反观点。列出_____（数量，如5个）支持理由和_____（数量，如5个）反对理由，并进行权衡分析，得出最终结论。

示例1：从技术、用户需求和安全性3个角度批判性分析自动驾驶汽车的大规模应用。列出3个支持理由和3个反对理由，并提出权衡后的政策建议。

示例2：批判性分析AI生成艺术品的价值，列出5个支持观点和5个反对观点，并提出未来可能的监管框架。

三、创意写作／模仿文风类

公式模板：模仿_____（作者或作品，如李尚龙、莫言、曹雪芹）的写作风格，为_____（创作体裁，如短视频文案、小说、演讲稿）生成关于_____（主题或场景）的内容，重点体现_____（特定情感或风格特征，如温暖励志、乡土叙事、古典美学）。

示例1：模仿李尚龙的风格，为短视频写一段关于"青春梦想"的文案，带有温暖励志感。

示例2：模仿莫言的乡土叙事风格，为一本关于乡村生活的小说写开头，描述少年离开家乡前的情感挣扎。

示例3：模仿曹雪芹的叙事风格，创作一段家庭剧中姐妹之间因家族利益产生矛盾的场景。

四、产品推广／品牌文案类

公式模板：为_____（产品或服务）撰写一段宣传文案，目标受众是_____（用户类型），文案风格希望_____（目标风格，如专业可信、幽默轻松、情感共鸣），重点突出_____（产品优势或卖点），同时避免_____（担忧，如过于生硬或技术化）。

示例1：为一款 AI 学习助手写推广文案，目标用户是高中生及其家长。文案要有亲和力，重点突出个性化学习和时间管理功能，避免过于技术化。

示例2：为一款跑鞋撰写广告文案，目标用户是都市白领跑者。文案风格幽默轻松，强调轻便舒适的卖点，并引发用户共鸣。

五、逻辑分析 / 决策支持类

公式模板：分析_____（主题）在_____（多个角度，如政策、技术、市场）上的优势和风险，并列出可能的解决方案。最后，提供一段权衡后的综合建议。

示例1：分析绿色能源在未来10年内的市场扩张潜力，从政策支持、技术进步和用户需求3个角度入手，列出3个优势和3个风险，并提供权衡后的发展建议。

示例2：分析某公司进入海外市场的可行性，从市场竞争、文化差异和政策法规3个方面列出优劣势，并提出最佳策略。

小贴士

· 灵活组合公式。可以根据具体需求，将不同公式中的要素进行组合，如"科普类 + 创意写作"或"辩论分析 + 产品推广"。

· 多轮生成，选取最佳。让 DeepSeek 生成多个版本的内容，并从中挑选最贴合需求的一段。

· 定期优化提示词。根据你使用中的反馈，逐渐调整和完善提示词，形成自己专属的写作模板。

第五章

DeepSeek
助力公文写作

公文写作：
党政工作者的"笔杆子"艺术

公文写作不是华丽辞藻的堆砌，而是务实、高效传递信息的关键工具。对于党政机关工作者而言，掌握公文写作，就如同握紧了沟通上下、协调左右的有力的"笔杆子"。

一、什么是公文

公文，系公务文书的简称，是党政机关、社会团体、企事业单位以及其他社会组织行使法定职权、处理日常事务时经常使用的一种文体。公文有狭义和广义之分，狭义的公文特指《党政机关公文处理工作条例》中规定的15种行政公文，广义的公文则涵盖了全部通用公文和专用公文。通用公文指党政机关、社会团体、企事业单位等普遍使用的公文；专用公文指在一定的业务范围内，按照特定需要而专门使用的公文。本书所涉及的公文为广义上的。

二、什么是公文写作

公文写作，绝非普通的文字创作。它是在特定的格式规范下，为处理公务、传达政策、沟通信息而进行的严谨的文字工作。例如，从政府部门发出的一份关于城市规划的重要文件，它要清晰地告知相关部门、企业及民众，未来的城市建设方向、土地利用规划、基础设施建设安排等关键信息。公文要以准确、简洁、规范的文字，让接收者明白"做什么""怎么做""为什么做"。

三、公文写作的类别：繁而不杂

公文写作的类别丰富多样，宛如一个万能的工具箱，针对不同场景，有不同的"工具"可用。

从通用公文来看，有决定、通知、通报、报告、请示、批复、意见、函、会议纪要等。

决定是"适用于对重要事项作出决策和部署、奖惩有关单位及人员、变更或者撤销下级机关不适当的决定事项"的公文。例如，政府关于环保整治的决定，会详细阐述整治目标、措施、步骤等，为整个环保行动指明方向。

通知则是党政机关常用的"传声筒"，它可以传达上级指示、布置工作、告知事项等。例如，单位要开展一次业务培训，通知就会清楚地说明培训时间、地点、内容、参加人员范围等，确保将信息准确无误地传递给每一位相关人员。

报告是下级向上级汇报工作、反映情况、提出建议的公文。例如，某基层单位向主管部门报告本年度的工作成果、遇到的问题以及下一年度的工作计划，让上级能够全面了解下属单位的工作动态。

请示则是下级在遇到问题需要上级指示时使用的公文。例如，一个项目在实施过程中遇到政策难题，相关部门就会向主管领导请示，如何在符合政策的前提下推进项目。

函则是一种平行文，用于不相隶属机关之间商洽工作、询问、答复问题、请求批准和答复审批事项等。例如，两个不同地区的政府部门之间就联合举办文化活动进行沟通协商，就会使用函这种公文形式。

除了通用公文，还有一些专用公文，如法律文书、司法文书、外交文书等，它们在特定的领域发挥着重要作用，有着更为严格的专业要求和格式规范。

四、公文写作与一般写作的区别

从目的来看，公文写作是为了处理公务、传达政策、沟通信息，它是务实的。而一般写作，如文学创作，往往是为了表达情感、反映社会生活、展现个人风格。例如，一篇小说可能通过虚构的故事来探讨人性的善恶、社会的变迁，它更注重艺术性和感染力。但公文写作不能有丝毫的虚构，它要真实地反映公务活动的情况。

在格式上，公文写作有着严格的规范。每一种公文都有固定的格式要求，包括标题、主送机关、正文、发文机关署名、成文日期等要素，这些要素的位置、字体、字号等都有明确规定。而一般写作，尤其是文学创作，在格式上则自由得多，作者可以根据自己的创意和风格来安排文字的布局。

在语言风格上，公文写作要求简洁明了、准确规范、庄重严肃，避免使用模糊不清的词语和句子，不能有歧义。例如，在一份政策文件中，对于政策的适用范围、实施标准等都要用准确的语言表述清楚。而一般写作，尤其是散文、诗歌等，可以运用丰富的修辞手法，追求语言的生动形象和美感。例如，一首诗歌可以通过比喻、拟人等手法，营造出优美的意境，让读者在欣赏语言之美的同时，感受作者的情感。

在党政机关工作中，公文写作的重要性不言而喻。它是政策的传播者、工作的协调者、信息的传递者。党政机关工作者们要以严谨的态度、专业的知识、扎实的文字功底，在公文写作的"田地"里精耕细作，为党政机关工作的高效运转贡献自己作为"笔杆子"的力量。

DeepSeek 赋能公文写作：开启党政机关工作新篇章

传统写作方式犹如冷兵器作战，而 DeepSeek 的出现则如同带来了现代武器装备，为公文写作提供了强大的助力，让公文写作变得更加高效、精准、规范。

一、传统公文写作的"痛点"

在没有 DeepSeek 辅助的传统公文写作中，党政机关工作者常常面临诸多难题。

第一，资料收集耗时耗力。撰写一份高质量的公文，需要大量的数据、政策法规、过往案例等资料作为支撑。例如，撰写一份关于民生工程进展的报告，工作人员需要从多个部门收集工程进度数据、资金使用情况、群众反馈等信息，这些信息散落在不同的文件、数据库和人员头脑中，整理、汇总需要花费大量时间。

第二，语言表达需斟酌。公文语言要求准确、简洁、庄重、得体，避免使用语义模糊、产生歧义、口语化的表述。在实际写作中，如何用恰当的语言表达复杂的工作内容和政策意图，常常需要工作人员反复推敲、修改，耗费大量精力。

第三，写作效率难提升。面对繁重的公文写作任务，传统的人工写作方式难以满足高效办公的需求。尤其是在一些紧急情况下，如突发公共事件需要及时发布通知、通报等公文，人工写作的速度可能无法保证信息的及时传达。

二、使用 DeepSeek 写作公文的优势

1. 高效生成，节省时间

DeepSeek 具有强大的数据处理和文本生成能力，能够根据用户输入的关键词、主题和要求，快速生成公文初稿。

例如，某政府部门需要撰写一份关于年度财政预算执行情况的报告，工作人员只需在 DeepSeek 写作工具中输入相关的信息，如预算总额、各项支出的占比、重点项目投入等，DeepSeek 就能在短时间内生成一份结构完整、内容翔实的报告初稿。这大大节省了工作人员在资料收集、整理和撰写初稿上的时间，让他们

可以将更多的精力放在公文的审核、修改和完善上，从而提高整体工作效率。

2. 语言优化，提升质量

DeepSeek 通过深度学习大量的公文文本和语言数据，掌握了公文语言的特点和规律。它能够为用户提供准确、简洁、庄重、得体的语言表达建议，帮助工作人员优化公文的语言质量。

例如，当工作人员在公文中使用了过于口语化或模糊的表述时，DeepSeek 可以提供更符合公文规范的表述替代。此外，DeepSeek 还可以根据不同的公文类型和受众调整语言风格，使公文更具针对性和可读性。

3. 知识整合，丰富内容

DeepSeek 具有强大的知识整合能力，能够实时访问互联网资源及公开数据，为用户提供最新的政策信息、行业数据等。在公文写作中，DeepSeek 可以根据写作主题和要求，自动检索相关的政策法规、统计数据、案例分析等信息，并将其整合到公文中，使公文内容更加丰富和权威。

例如，在撰写一份关于产业发展的规划文件时，DeepSeek 可以快速收集国家和地方的相关产业政策、市场数据、技术发

展趋势等信息，为公文提供有力的支撑，让公文更具前瞻性和
指导性。

4. 实时校对，确保准确

DeepSeek 能够在公文写作过程中帮用户检测和纠正常见的
语言错误，如语法错误、拼写错误、标点符号错误等。同时，
DeepSeek 还可以对公文的内容进行逻辑性和连贯性检查，确保
公文的表述清晰、合理。这一功能特别适合需要对外发布的正式
文件，能够有效避免因瑕疵而造成的误解或不专业的形象。

三、DeepSeek 在公文写作中的局限性

尽管 DeepSeek 在公文写作中具有诸多优势，然而，我们也
应认识到，DeepSeek 仅是辅助工具，不可替代人的主观能动性。

在公文写作中，人的主观能动性是不可或缺的。公文写作不
仅是文字的堆砌，更是思想的表达、政策的解读和工作的安排。
人的主观能动性体现在对公文主题的把握、对写作目的的明确、
对受众需求的了解等方面。例如，在撰写一份关于乡村振兴战略
的报告时，工作人员需要深入理解乡村振兴战略的内涵和意义，
结合当地的实际情况，提出切实可行的措施和建议。这些都需要

人的主观能动性来完成，DeepSeek 只能提供辅助，不能完全替代人的思考和判断。

首先，DeepSeek 缺乏人类的创造力和情感。公文写作虽然注重规范和严谨，但在某些情况下，也需要一定的创造力和情感表达。例如，在撰写一份关于民生工程的报告时，如果能够用生动的语言和感人的事例来表达，会更能引起读者的共鸣。而 DeepSeek 由于缺乏人类的情感和创造力，很难做到这一点。

其次，DeepSeek 的知识和经验有限。虽然 DeepSeek 可以通过学习大量的数据和文本，获取一定的知识和经验，但与人的大脑相比，仍然存在很大的差距。在面临一些复杂的问题和情况下，DeepSeek 可能无法提供准确和有效的解决方案。

最后，DeepSeek 的安全性和可靠性需要进一步提高。在公文写作中，应避免输入敏感信息和机密数据，如果 DeepSeek 的安全性和可靠性得不到保障，可能会导致信息泄露和数据丢失等问题。

AI 技术在公文写作中的应用，为党政机关工作者带来了前所未有的机遇和挑战。它以其高效、精准、规范等优势，为公文写作提供了强大的助力，但同时也存在一些局限性。只有将 AI 技术与人的主观能动性相结合，才能写出高质量的公文，为党政机关工作提供有力的支持。

一、DeepSeek 公文写作的操作步骤

1. 明确写作目的和受众

在开始写作之前，首先要明确公文的写作目的和受众。例如，是为了向上级汇报工作进展，还是向下属单位传达工作指示？受众是领导、同事还是基层工作人员？不同的目的和受众，决定了公文的内容和语言风格。

2. 构建内容框架

在使用 DeepSeek 写作之前，构建一个清晰的内容框架是非常重要的。这样可以帮助 DeepSeek 更好地理解你的写作意图，生成符合要求的内容。例如，撰写一份工作总结，可以按照以下框架进行：

引言：简要介绍总结的背景和目的。

工作进展：详细描述各项工作的进展情况和取得的成果。

存在问题：分析工作中存在的问题和不足之处。

下一步计划：提出下一步的工作计划和改进措施。

结语：对总结进行简要概括并展望未来。

3. 使用结构化指令

在向 DeepSeek 提出写作任务时，使用结构化指令可以让 DeepSeek 更准确地理解你的需求。例如，可以使用以下指令：

角色设定：请扮演一名经验丰富的公文写作专家，为我撰写一份关于＿＿＿＿＿＿（具体主题）的公文。

背景描述：这份公文是为了＿＿＿＿＿＿＿＿（具体目的），受众是＿＿＿＿＿＿＿＿（具体受众）。

内容要点：公文需要包括以下内容要点：

（要点1）

（要点2）

（要点3）

格式要求：请按照＿＿＿＿＿＿＿（具体格式）进行撰写，如标题、正文、落款等。

语言风格：语言风格要求简洁明了、准确规范、庄重严肃。

4. 审核和修改

DeepSeek 生成的内容需要进行审核和修改，以确保其符合公文写作的要求。如检查公文内容是否准确无误，是否符合实际情况和政策要求；标题、正文、落款等是否正确；公文内容是否逻辑连贯，各部分之间是否衔接自然等。

二、DeepSeek 公文写作的使用技巧

1. 提示词技巧：精准高效的关键

在使用 DeepSeek 进行公文写作时，掌握提示词技巧至关重要，它能直接影响生成内容的质量与效率。

明确角色与背景：首先，要让 DeepSeek 知道它扮演的角色，如"资深公文撰写专家"，同时清晰地阐述写作背景，例如，"为 ×× 项目向上级汇报进展情况"。这有助于 DeepSeek 快速进入角色，生成贴合实际需求的内容。

细化内容要点：列出具体包含的内容要点，像写工作总结时，可输入"1. 项目启动至当前的阶段性成果；2. 遇到的主要问题及解决措施；3. 下一步工作计划"。这样 DeepSeek 就有了明确的写作方向，避免内容偏离主题。

规定格式与风格：明确指出公文的格式要求，如"按照正式

红头文件格式撰写，包含标题、主送机关、正文、发文机关署名、成文日期等"，以及语言风格，如"语言简洁庄重，符合党政机关公文规范"。这能让 DeepSeek 生成的公文在格式和风格上更符合标准。

限定篇幅与重点：给出大致篇幅要求及重点强调部分，例如，"字数控制在 1500 字左右，重点突出项目创新成果及对当地经济发展的积极影响"。这有助于 DeepSeek 把握内容的详略，生成更符合预期的公文。

精准的提示词是开启 DeepSeek 高效公文写作的 "钥匙"，能让 DeepSeek 更好地理解需求，生成高质量的公文内容。

2. 分段生成，便于内容把控

对于篇幅较长、结构复杂的公文，可以采用分段生成的方式。例如，撰写一份工作方案，可以先让 DeepSeek 生成方案的背景部分，再生成目标部分，接着生成具体措施部分，最后生成实施步骤和保障措施部分。这样可以更好地把控每个部分的内容和质量，避免一次性生成整篇公文时出现内容混乱或不符合要求的情况。

3. 利用 DeepSeek 进行立意构思

在公文写作中，立意构思是关键环节。DeepSeek 可以帮助我们进行立意构思，提供新的思路和观点。例如，当我们对某个问题的解决方案感到困惑时，可以向 DeepSeek 提出相关问题，让其进行分析和研究，为我们提供不同的视角和解决方案。比如："如何提高基层干部的工作积极性？"DeepSeek 可以从薪酬待遇、职业发展、工作环境等多个方面进行分析，为我们提供一些有价值的建议。

4. 内容优化，提升可读性

我们可以利用 DeepSeek 的内容优化功能，对生成的内容进行进一步的完善。例如，让 DeepSeek 对内容进行润色，使其语言更加生动、形象；对段落进行调整，使其逻辑更加清晰；对重复的内容进行删减，使文章更加简洁。

一、什么是党政机关公文

　　党政机关公文是党政机关实施领导、履行职能、处理公务的具有特定效力和规范体式的文书，是传达贯彻党和国家的方针政策，公布法规和规章，指导、布置和商洽工作，请示和答复问题，报告、通报和交流情况等的重要工具。它包括决议、决定、命令（令）、公报、公告、通告、意见、通知、通报、报告、请示、批复、议案、函、纪要，共 15 种。

二、党政机关公文的写作技巧

1. 严格遵循格式规范

党政机关公文有严格的格式要求，如公文的版头、主体、版记等部分的格式，包括字体、字号、行距、段落等都有明确规定。例如，公文的发文字号一般由发文机关单位代字、年份和发文顺序号组成，用3号仿宋体字，位于发文机关标志下空二行位置居中排一行，上行文发文字号居左空1字。在写作时，必须严格按照这些格式要求进行排版，确保公文的规范性和严肃性。

2. 精准把握语言风格

党政机关公文的语言要求准确、简洁、庄重、得体，要使用规范的书面语，避免使用口语、方言和模糊不清的词语。例如，在撰写公告时，要用简洁明了的语言向公众宣布重要事项或者法定事项，如"根据国家相关规定，现将××事项公告如下"，语言简洁直接，让公众能够清晰地理解公告的内容。

3. 注重逻辑结构

党政机关公文的逻辑结构要严谨，层次要清晰，各部分之间要衔接自然、逻辑连贯。例如，在撰写决定时，先阐述作出决定的背景和原因，然后分条列出决定的具体内容，最后提出实施要求和期望，逻辑清晰，层次分明，便于读者理解和执行。

三、使用 DeepSeek 写党政机关公文的关键

1. 提供准确的背景信息

在使用 DeepSeek 写党政机关公文时，要向 DeepSeek 提供准确的背景信息，包括公文的发文机关、发文对象、发文目的、相关法律法规和政策依据等。例如，撰写一份政府机关的通告，要告知 DeepSeek 通告的主题、适用范围、相关法律法规要求等，以便 DeepSeek 能够生成符合要求的内容。

2. 明确公文的类别和内容

在使用 DeepSeek 时，要明确告知 DeepSeek 要写哪类公文及要写的主要内容，让 DeepSeek 按照规范进行生成。

3. 审核和修改生成内容

DeepSeek 生成的党政机关公文内容需要我们进行审核和修改。要仔细检查公文的内容是否符合法律法规和政策要求，语言是否准确规范，要素是否齐全。对于不符合要求的地方，要及时进行修改和完善，确保公文的质量和权威性。

四、实际操作案例

1. 决定

某市政府欲加强职业教育发展，可向 DeepSeek 提出如下要求："请以 ×× 市人民政府名义，撰写一份加强职业教育发展的决定。目标为提升职业教育质量，培养更多高素质技术技能人才。措施包括优化布局、加强专业建设、提升师资水平、深化产教融合等。语言要简洁明了，符合决定的格式要求。"

DeepSeek 生成初稿后，我们需检查内容是否完整、准确，格式是否规范，如有需要，对决定进行修改和完善，然后发布给各县（市、区）人民政府、市政府各部门。

生成：

×× 市人民政府关于加强职业教育发展的决定

各县（市、区）人民政府，市政府各部门：

为贯彻落实国家关于职业教育改革发展的决策部署，加快培养高素质技术技能人才，推动我市经济社会高质量发展，市政府决定在全市范围内加强职业教育发展。现结合我市实际，作出如下决定：

一、发展目标

通过加强职业教育体系建设、提升教学质量、增强服务能力，使我市职业教育整体水平显著提高，培养出更多适应市场需求的高素质技术技能人才。

二、主要措施

（一）优化职业教育布局。整合职业教育资源，合理规划职业院校布局，避免重复建设和资源浪费。加强职业院校基础设施建设，改善办学条件，提高学校承载能力。

（二）加强专业建设。围绕我市重点产业和市场需求，调整优化专业设置，打造一批特色优势专业。推进专业课程改革，加强实践教学环节，提高学生实践能力和职业素养。

（三）提升师资队伍水平。加大教师招聘力度，吸引优秀人才投身职业教育事业。建立教师培训基地，定期开展教师培训活动，提高教师业务水平和教学能力。

（四）深化产教融合、校企合作。鼓励职业院校与企业建立紧密合作关系，共同制订人才培养方案、开发课程资源、建设实训基地。推广现代学徒制和企业新型学徒制，实现学校培养与企业用人无缝对接。

三、实施步骤

（一）动员部署阶段（2024 年 10 月）：各县（市、区）

人民政府、市政府各部门要结合实际，制定具体实施方案，明确责任分工，广泛动员部署。

（二）全面推进阶段（2024年11月至2025年6月）：按照决定要求，全面推进职业教育发展各项工作，确保各项任务落到实处。

（三）总结提升阶段（2025年7月至2025年12月）：对职业教育发展工作进行总结评估，巩固提升成果，建立长效发展机制。

四、工作要求

（一）加强组织领导。成立全市职业教育发展工作领导小组，由市长任组长，分管副市长任副组长，各县（市、区）人民政府、市政府各部门主要负责同志为成员。领导小组办公室设在市教育局，负责日常协调推进工作。

（二）强化部门协作。各相关部门要按照职责分工，密切配合，形成工作合力。教育部门要发挥牵头作用，加强统筹协调；财政部门要加大对职业教育的投入；人社部门要做好职业院校毕业生就业指导和服务工作。

（三）营造良好氛围。充分利用各种媒体，广泛宣传职业教育的重要意义和优秀成果，引导社会各界树立正确的职业教育观念，营造全社会关心支持职业教育发展的良好氛围。

××市人民政府

2024 年 10 月 10 日

2. 公告

某市政府欲发布一份关于城市基础设施建设项目的公告，可向 DeepSeek 提出如下要求："请以 ××市人民政府名义，撰写一份关于城市基础设施建设项目的公告。公告对象为全体市民，公告内容包括项目背景、建设内容、建设时间、交通疏导措施等。语言要简洁明了，符合公告的格式要求。"

DeepSeek 生成初稿后，我们需检查内容是否完整、准确，格式是否规范，如有需要，对公告进行修改和完善，然后通过政府官方网站、新闻媒体等渠道发布给全体市民。

生成：

××市人民政府关于
城市基础设施建设项目的公告

为提升城市功能品质，改善市民生活环境，市政府决定实施一系列城市基础设施建设项目。现将有关事项公告如下：

一、项目背景

近年来，随着城市规模的不断扩大和人口的持续增长，我市部分基础设施已难以满足市民生产生活需求。为解决交通拥堵、排水不畅、供水供电不足等问题，市政府经过充分调研和论证，决定启动本次城市基础设施建设项目。

二、建设内容

（一）道路建设。对市区主要道路进行拓宽改造，优化交通组织，提高通行能力。新建一批城市次干道和支路，完善路网结构，缓解交通压力。

（二）排水设施改造。对老化排水管道进行更新改造，提高排水能力，解决内涝问题。建设雨水收集和污水处理设施，提升水资源利用效率。

（三）供水供电设施升级。加大城市供水管网建设力度，提高供水保障能力，确保水质安全。对电网进行升级改造，增强供电可靠性，满足市民用电需求。

三、建设时间

项目于2024年11月1日正式开工，预计于2025年10月31日竣工。

四、交通疏导措施

施工期间，将采取分段施工、设置临时便道等措施，尽量减少对市民出行的影响。请广大市民提前规划出行路线，按照交通指示标志通行，服从现场管理人员指挥。

五、注意事项

项目建设期间如有任何疑问或建议，请拨打咨询电话：123-4567。

特此公告。

××市人民政府

2024 年 10 月 28 日

3. 通告

某市公安局欲发布一份关于加强道路交通安全管理的通告，可向 DeepSeek 提出如下要求："请以 ××市公安局名义，撰写一份关于加强道路交通安全管理的通告。通告对象为全体市民，内容包括管理措施、实施时间、处罚规定等。语言要简洁明了，符合通告的格式要求。"

DeepSeek 生成初稿后，我们需检查内容是否完整、准确，格式是否规范，如有需要，对通告进行修改和完善，然后通过政府官方网站、新闻媒体、交通广播等渠道发布给全体市民。

生成：

××市公安局关于
加强道路交通安全管理的通告

为维护我市道路交通秩序，保障道路交通安全畅通，根据《中华人民共和国道路交通安全法》等相关法律法规，市公安局决定在全市范围内进一步加强道路交通安全管理。现将有关事项通告如下：

一、管理措施

（一）严格查处机动车酒驾、醉驾、超速、超载等交通违法行为。

（二）加强对非机动车闯红灯、逆行、不按规定车道行驶等行为的管理。

（三）规范行人交通行为，严禁行人闯红灯、跨越道路隔离设施。

（四）加大对占用消防通道、应急车道等违法行为的处罚力度。

二、实施时间

本通告自 2025 年 3 月 1 日起施行。

三、处罚规定

对违反上述规定的，将依据相关法律法规予以处罚。对阻碍执法人员依法执行职务的，将依法追究其法律责任。

举报电话：123-4567

××市公安局

2025 年 2 月 15 日

4. 意见

某市政府欲推动本市数字经济创新发展，可向 DeepSeek 提出如下要求："请以 ××市人民政府名义，撰写一份关于推动我市数字经济创新发展的意见。目标为扩大数字经济规模、提高产业数字化转型水平、完善数字基础设施。任务包括加强数字基础设施建设、推动数字产业化发展、促进产业数字化转型、培育数字经济新业态新模式。措施包括加强组织领导、加大政策支持力度、加强人才培养和引进、强化安全保障。语言要简洁明了，符合意见的格式要求。"

DeepSeek 生成初稿后，我们需检查内容是否完整、准确，格式是否规范，如有需要，对意见进行修改和完善，然后发布给各县（市、区）人民政府、市政府各部门。

生成：

××市人民政府关于
推动我市数字经济创新发展的意见

各县（市、区）人民政府，市政府各部门：

为深入贯彻习近平总书记关于数字经济发展的重要论述，全面落实国家和省级战略部署，加快构建现代化产业体系，现就推动我市数字经济创新发展提出如下意见：

一、总体要求

以习近平新时代中国特色社会主义思想为指导，深入贯彻党的二十大精神，坚持新发展理念，以技术创新为引领，以数字化转型为主攻方向，加快数字产业化和产业数字化进程，培育新业态新模式，为我市经济社会高质量发展注入新动力。

二、主要目标

到2025年，全市数字经济规模显著扩大，数字经济核心产业增加值占地区生产总值比重达到10%以上；数字技术在农业、制造业、服务业等领域的应用取得明显成效，产业数字化转型水平显著提升；数字基础设施更加完善，5G网络实现全覆盖。

三、重点任务

（一）加强数字基础设施建设。加快 5G 网络建设，推进 5G 基站布局优化，实现城乡 5G 网络全覆盖。提升数据中心服务能力，推动数据中心绿色化、智能化发展。加强工业互联网建设，打造工业互联网平台，促进企业数字化转型。

（二）推动数字产业化发展。培育壮大软件和信息技术服务业，支持本地软件企业发展壮大。加快人工智能产业发展，推动人工智能技术在各领域的应用。推动大数据产业发展，加强数据资源汇聚和开发利用。

（三）促进产业数字化转型。推动制造业数字化转型，实施智能制造工程，建设智能工厂和数字化车间。加快农业数字化进程，发展智慧农业，提高农业生产效率和质量。促进服务业数字化升级，推动电子商务、智慧物流等新业态发展。

（四）培育数字经济新业态新模式。鼓励发展数字创意产业，推动数字技术与文化创意产业深度融合。支持共享经济发展，规范共享经济运营模式，提高资源利用效率。推动平台经济发展，培育一批具有影响力的数字经济平台。

四、保障措施

（一）加强组织领导。成立市数字经济发展领导小组，由市长任组长，分管副市长任副组长，相关部门主要负责同志为成员，负责统筹协调全市数字经济发展工作。

（二）加大政策支持力度。制定出台支持数字经济发展的政策措施，在财政、税收、金融等方面给予支持。设立数字经济发展专项资金，对数字经济重点项目给予资金扶持。

（三）加强人才培养和引进。加强与高校、科研机构的合作，培养数字经济专业人才。制定优惠政策，吸引高层次数字经济人才来我市创新创业。

（四）强化安全保障。加强网络安全和数据安全保障，建立健全数字经济安全保障体系。加强对关键信息基础设施的保护，提高网络安全防护能力。

各县（市、区）人民政府、市政府各部门要根据本意见，结合实际制定具体实施方案，明确责任分工，确保各项任务落到实处。

×× 市人民政府

2024 年 10 月 20 日

5. 通知

某市政府办公厅要发布一份关于召开全市经济发展工作会议的通知，可以向 DeepSeek 提出如下要求："请以 ×× 市人民政府办公厅的名义，发布一份关于召开全市经济发展工作会议的通知。通知对象为各县（市、区）人民政府、市政府各部门，会议时间为 2024 年 6 月 10 日上午 9 点，会议地点为市政府会议室。通知要包括会议的目的、议程、参加人员等信息，语言要简洁明了，符合通知的格式要求。"

DeepSeek 生成初稿后，我们需检查内容是否完整、准确，格式是否规范，如有需要，对通知进行修改和完善，然后发布给相关人员。

生成：

××市人民政府办公厅关于
召开全市经济发展工作会议的通知

各县（市、区）人民政府，市政府各部门：

为总结今年上半年全市经济发展工作，部署下半年经济发展任务，市政府决定召开全市经济发展工作会议。现将有关事项通知如下：

一、会议目的

本次会议旨在分析当前全市经济发展形势，总结经验，查找不足，明确下半年经济发展工作重点，推动全市经济持续健康发展。

二、会议议程

各县（市、区）人民政府汇报上半年经济发展工作情况及下半年工作计划；

市发展改革委通报全市上半年经济发展总体情况；

市政府领导对全市下半年经济发展工作进行部署；

市委书记作总结讲话。

三、会议时间

2024 年 6 月 10 日上午 9 点

四、会议地点

市政府会议室

五、参加人员

各县（市、区）人民政府主要负责同志，市政府各部门主要负责同志。

请各位参会人员提前做好准备工作，准时参加会议，不得缺席。

××市人民政府办公厅

2024 年 5 月 25 日

6. 通报

某市政府要对在抗击台风灾害中表现突出的单位和个人进行表彰，需要撰写一份通报。可向 DeepSeek 提出如下要求："请以 ×× 市人民政府办公室的名义，撰写一份关于表彰在抗击台风灾害中表现突出的单位和个人的通报。通报要包括被表彰的单位和个人名单、主要事迹、表彰决定等内容，语言要简洁明了，符合通报的格式要求。"

DeepSeek 生成初稿后，我们要对通报内容进行审核，确保被表彰的单位和个人的信息准确无误、事迹真实可靠、表彰决定符合相关规定，对通报进行必要的修改和完善，最后按照通报的格式要求进行排版，发布给全市各级机关和单位。

生成：

×× 市人民政府关于
表彰抗击台风灾害先进集体和先进个人的通报

各县（市、区）人民政府，市政府各部门：

2024 年 9 月，我市遭受了严重的台风灾害。在抗击台风灾害的过程中，全市各级机关单位积极响应市委、市政府的号召，广大干部群众奋勇拼搏，涌现出了一批表现突出的单位和个人。

为表彰他们的先进事迹，激励全市广大干部群众积极投身防灾减灾工作，市政府决定对以下单位和个人进行表彰：

一、先进集体名单

市应急管理局、市消防救援支队、市卫生健康委、××区人民政府、××镇人民政府

二、先进个人名单

×××（市应急管理局局长）、×××（市消防救援支队支队长）、×××（市卫生健康委主任）、×××（××区区长）、×××（××镇镇长）

三、主要事迹

市应急管理局：在台风来临前，迅速启动应急预案，组织全市应急救援力量做好抢险准备；在台风期间，24小时值班值守，及时调配救援物资和力量，有效保障了人民群众的生命财产安全。

市消防救援支队：冲锋在前，不畏艰险，成功解救多名被困群众，保护了人民群众的生命安全。

市卫生健康委：组织医疗队伍深入灾区，开展医疗救治和卫生防疫工作，防止了灾后疫情的发生。

××区人民政府：组织全区干部群众积极开展防台抗台工作，及时转移危险区域群众，最大限度减少了灾害损失。

××镇人民政府：全体干部坚守岗位，带领群众加固堤坝、清理路障，确保了镇区安全。

四、表彰决定

对以上先进集体和个人进行通报表彰，颁发荣誉证书和奖金，以资鼓励。

希望全市各级机关单位和广大干部群众以先进为榜样，学习先进事迹和崇高精神，为我市防灾减灾事业作出更大的贡献。

××市人民政府办公室

2024 年 10 月 15 日

7. 报告

某市环保局要向上级部门提交一份关于本市 2024 年度环境质量状况的报告，可向 DeepSeek 提出如下要求："请以 × × 市环保局的名义，向上级环保部门撰写一份关于我市 2024 年度环境质量状况的报告。报告要包括大气环境质量、水环境质量、土壤环境质量等方面的情况，分析存在的问题，并提出下一步工作建议。语言要简洁明了，符合报告的格式要求。"

DeepSeek 生成初稿后，我们要对报告内容进行审核，检查数据是否准确、分析是否合理、建议是否可行，对不符合要求的地方进行修改完善，最后按照报告的格式要求进行排版，形成正式的报告。

生成：

××市环境保护局关于
我市 2024 年度环境质量状况的报告

××省生态环境厅：

2024 年，在省生态环境厅的指导和支持下，我市深入贯彻落实习近平生态文明思想，扎实推进污染防治攻坚战，环境质量总体稳中向好。现将相关情况报告如下：

一、大气环境质量

2024 年，我市空气质量优良天数比例为 85%，较去年上升 5%。主要污染物 PM2.5 平均浓度为 35 微克／立方米，较去年下降 10%。我市持续加强大气污染防治工作，推进工业废气治理、机动车尾气治理和扬尘治理等措施，取得了明显成效。

二、水环境质量

2024 年，我市地表水水质总体保持稳定，优良水质比例为 90%，较去年上升 3%。主要河流断面水质均达到或优于Ⅲ类水质标准。我市加强了污水处理设施建设，提高了污水处理能力，同时加强了对工业废水和生活污水的监管，确保达标排放。

三、土壤环境质量

2024 年，我市土壤环境质量总体保持稳定，未发生重大土壤环境污染事件。我市加强了土壤污染防治工作，推进了土壤污染状况详查工作，加强了对重点行业企业的土壤污染监管，取得了一定成效。

四、存在的问题

尽管我市环境质量有所改善，但仍存在一些问题。一是大气污染防治形势依然严峻，秋冬季大气污染问题较为突出。二是水环境治理任务艰巨，部分河流断面水质仍需进一步改善。三是土壤污染防治工作仍需加强，土壤污染风险防控压力较大。

五、下一步工作建议

针对存在的问题，下一步我们将采取以下措施：

一是加强大气污染防治，推进秋冬季大气污染综合治理攻坚行动，加大工业废气、机动车尾气和扬尘污染治理力度。

二是加强水环境治理，推进污水处理设施建设，加强工业废水和生活污水监管，确保达标排放。

三是加强土壤污染防治，继续推进土壤污染状况详查工作，加强重点行业企业土壤污染监管，加大土壤污染风险防控力度。

特此报告，请审阅。

×× 市环保局

2024 年 12 月 30 日

8. 请示

某县教育局要向市教育局请示关于新建一所中学的事宜，可以在输入必要的背景信息及数据后，向 DeepSeek 提出如下要求："请以 ×× 县教育局的名义，向市教育局撰写一份关于新建一所中学的请示。请示要包括新建中学的必要性、选址、规划、资金预算等内容，语言要简洁明了，符合请示的格式要求。"

DeepSeek 生成初稿后，我们要对请示内容进行审核，检查新建中学的必要性是否阐述清楚、选址和规划是否合理、资金预算是否准确等，对不符合要求的地方进行修改完善，最后按照请示的格式要求进行排版，报送市教育局审批。

生成：

××县教育局关于新建一所中学的请示

××市教育局:

随着我县经济社会快速发展,人口不断增加,现有的中学已不能满足人民群众对优质教育资源的需求。为优化教育资源配置,提高教育教学质量,我县拟新建一所中学。现将有关情况请示如下:

一、新建中学的必要性

人口增长需求:近年来,我县人口持续增长,适龄学生数量不断增加。现有的中学学位紧张,无法满足学生入学需求。新建中学将有效缓解学位紧张问题,保障适龄学生接受教育的权利。

教育质量提升需求:现有的中学在师资力量、教学设施等方面存在不足,影响了教育教学质量的提升。新建中学将按照高标准进行建设,配备优秀的师资力量和先进的教学设施,提高教育教学质量,满足人民群众对优质教育资源的需求。

二、选址

中学拟建于××县××镇××村,该地块交通便利,环境优美,周边居民密集,有利于学校的招生和发展。

三、规划

新建中学规划占地面积 100 亩，建筑面积 5 万平方米，建设规模为 60 个教学班，可容纳 3000 名学生。学校将建设教学楼、实验楼、图书馆、体育馆、学生宿舍、食堂等教学和生活设施，配备先进的教学设备和仪器。

四、资金预算

新建中学总投资预计为 2 亿元，资金来源为县财政拨款和社会捐赠。其中，县财政拨款 1.5 亿元，社会捐赠 0.5 亿元。

五、请示事项

请市教育局批准我县新建一所中学，并在政策、资金、师资等方面给予支持和指导。

特此请示，请予批准。

××县教育局

2024 年 10 月 20 日

9. 批复

某市民政局拟于 2024 年 11 月 20 日至 22 日举办国际文化交流活动，市政府在起草批复时，可向 DeepSeek 提出如下要求："请以××市人民政府名义，撰写一份关于同意市民政局举办国际文化交流活动的批复，活动主题为'多元文化交融·共促和谐发展'。要求活动严格按照法律法规和政策组织实施，加强组织领导，确保安全顺利进行。经费要严格按照预算管理规定执行，加强宣传引导，遵守外事纪律。语言要简洁明了，符合批复的格式要求。"

　　DeepSeek 生成初稿后，我们需检查内容是否完整、准确，格式是否规范，如有需要，对批复进行修改和完善，然后报送市政府领导审批。

　　生成：

×× 市人民政府关于同意市民政局举办
"多元文化交融·共促和谐发展"国际文化
交流活动的批复

市民政局：

　　你局《关于举办"多元文化交融·共促和谐发展"国际文化交流活动的请示》（× 民发〔2024〕× 号）收悉。经研究，现批复如下：

　　一、原则同意你局于 2024 年 11 月 20 日至 22 日举办国际文化交流活动。活动主题为"多元文化交融·共促和谐发展"，旨在加强国际文化交流与合作，增进各国人民之间的友谊。

二、活动要严格按照国家有关法律法规和政策要求组织实施。要加强对活动的组织领导，明确责任分工，确保活动安全、有序、顺利进行。

三、活动经费要严格按照预算管理规定执行，确保资金使用规范、透明。活动结束后，要及时进行财务结算，并将结算结果报送市政府，并抄送市外事办、市财政局备案。

四、要加强宣传引导，充分利用各种媒体渠道，广泛宣传国际文化交流活动的重要意义和丰富内涵，提升活动的影响力和知名度。

五、活动过程中要严格遵守外事纪律和相关规定，不得擅自改变活动主题、规模和内容。如遇重大问题，要及时向市政府报告。

特此批复。

××市人民政府

2024 年 10 月 15 日

10. 函

某市工业和信息化局拟与市科技局联合举办 2024 年科技创新

大赛，可向 DeepSeek 提出如下要求："请以市工业和信息化局名义，撰写一份关于商请联合举办科技创新大赛的函。大赛名称为'××市 2024 年科技创新大赛'，主题为'创新驱动发展·科技引领未来'，时间为 2024 年 11 月 10 日至 12 月 10 日。内容包括大赛分为初赛、复赛和决赛三个阶段，设置科技创新成果展示环节，邀请国内知名专家学者、企业家和投资人担任评委和嘉宾。组织方面成立大赛组委会，由我局局长和市科技局局长担任组委会主任。经费由我局和市科技局共同承担。请市科技局于 2024 年 10 月 20 日前复函，明确是否同意联合举办此次大赛，并确定具体联系人和联系方式。语言要简洁明了，符合函的格式要求。"

DeepSeek 生成初稿后，工作人员需检查内容是否完整、准确、格式是否规范，如有需要，对函进行修改和完善，然后发送给市科技局。

生成：

××市工业和信息化局关于
商请联合举办我市 2024 年科技创新大赛的函

市科技局：

为进一步激发我市科技创新活力，推动科技成果转化和产业化发展，我局拟与贵局联合举办我市 2024 年科技创新大赛。当前，科技创新已成为推动经济高质量发展的核心动力，通过举办科技创新大赛，可以有效激发企业和科研机构的创新积极性，促进科技与经济的深度融合。现就有关事项函告如下：

一、活动名称

××市 2024 年科技创新大赛

二、活动主题

创新驱动发展·科技引领未来

三、活动时间

2024 年 11 月 10 日至 12 月 10 日

四、活动内容

（一）大赛分为初赛、复赛和决赛三个阶段。初赛由各参赛单位自行组织，选拔优秀项目参加复赛；复赛由我局和贵局共同组织专家评审，选出入围决赛的项目；决赛采取现场路演和答辩的方式，评选出一、二、三等奖及优秀奖。

（二）大赛设置科技创新成果展示环节，展示我市近年来在科技创新方面的优秀成果，促进科技交流与合作。

（三）邀请国内知名专家学者、企业家和投资人担任评委和嘉宾，为参赛项目提供专业指导和资源支持。

五、活动组织

（一）成立大赛组委会，由我局局长和贵局局长担任组委会主任，分管副局长担任副主任，相关处室负责人为成员，负责大赛的组织领导和统筹协调工作。

（二）大赛具体组织实施工作由我局科技服务中心和贵局相关处室共同承担。

六、经费保障

大赛经费由我局和贵局共同承担。主要包括场地租赁、设备购置、专家评审、宣传推广等方面的费用。经费使用严格按照预算管理规定执行，确保资金使用规范、透明。

七、其他事项

（一）请贵局于 2024 年 10 月 20 日前复函我局，明确是否同意联合举办此次大赛，并确定具体联系人和联系方式。

（二）请贵局协助做好大赛的宣传推广、项目征集和评审专家邀请等工作。

特此函告，请予支持。

××市工业和信息化局

2024 年 10 月 10 日

11. 工作纪要

某市政府召开了推进乡村振兴战略工作的会议，可向 DeepSeek 提出如下要求："请以 ×× 市人民政府办公室名义，撰写一份关于推进乡村振兴战略工作会议的纪要。会议于 2024 年 10 月 25 日在市政府会议室召开，市委常委、副市长 ××× 主持，各县（市、区）人民政府分管负责同志、市直相关部门负责同志参加。会议主要内容包括工作进展情况汇报、存在问题分析、下一步工作安排。语言要简洁明了，符合工作纪要的格式要求。"

DeepSeek 生成初稿后，工作人员需检查内容是否完整、准确，格式是否规范，如有需要，对工作纪要进行修改和完善，然后发布给各县（市、区）人民政府、市政府各部门。

生成：

×× 市人民政府办公室关于
推进乡村振兴战略工作的会议纪要

2024 年 10 月 25 日，市委常委、副市长 ××× 在市政府会议室主持召开会议，讨论如何推进乡村振兴战略工作。参加会议的有各县（市、区）人民政府分管负责同志、市直相关部门负责同志。现纪要如下。

一、工作进展情况汇报

各县（市、区）人民政府和市直相关部门分别汇报了乡村振兴战略实施以来的工作进展情况。截至目前，全市已建成美丽乡村示范村50个，农村人居环境得到显著改善；农业产业结构不断优化，特色农业产业规模逐步扩大；农村基础设施建设加快推进，交通、水利、电力等条件明显改善；农村公共服务水平不断提升，教育、医疗、文化等事业蓬勃发展。

二、存在问题分析

当前我市在推进乡村振兴战略中存在以下主要问题：一是部分地区对乡村振兴战略的认识还不够到位，存在重视不够、推进不力的情况；二是乡村振兴资金投入不足，制约了一些重点项目的实施；三是农村人才短缺问题突出，缺乏专业的技术和管理人才；四是农业产业化水平有待提高，农产品加工转化率较低，品牌建设不足。

三、下一步工作安排

（一）加强组织领导。各县（市、区）人民政府要进一步提高对乡村振兴战略的认识，切实加强组织领导，建立健全工作机制，明确责任分工，确保各项工作落到实处。

（二）加大资金投入。积极争取上级财政资金支持，加大市、县两级财政对乡村振兴的投入力度。鼓励引导社会资本参与乡村振兴项目建设，形成多元化的投入机制。

（三）加强人才队伍建设。实施乡村振兴人才培养计划，加强与高校、科研机构的合作，引进一批专业的技术和管理人才。鼓励大学生村官、返乡创业人员等投身乡村振兴事业。

（四）推进农业产业化发展。加快农业产业化步伐，培育壮大农产品加工企业，提高农产品附加值。加强农产品品牌建设，打造一批具有地方特色的农产品品牌。

（五）强化督查考核。建立健全乡村振兴战略督查考核机制，加强对各县（市、区）和市直相关部门工作的督查考核，及时发现问题并督促整改落实。

会议要求，各县（市、区）人民政府和市直相关部门要以此次会议为契机，进一步统一思想，明确目标，强化措施，确保乡村振兴战略各项工作取得实效。

××市人民政府办公室

2024 年 10 月 26 日

一、什么是计划类公文

计划类公文是为了实现特定目标，对未来的活动进行预先谋划和安排的公务文书。它通常包括工作计划、规划、方案等。这类公文的主要特点是目标明确、措施具体、可操作性强，是指导工作开展的重要依据。

二、计划类公文的写作技巧

1. 明确目标和任务

在写作计划类公文时，首先要明确目标和任务，这是整个计划的核心。目标要具体、可衡量、可实现、相关性强、时限明确，即符合SMART（具体、可度量、可实现、相关性、有时限）原则。

例如，制订销售计划时，目标可以是"在本季度内实现销售额增长20%"。

2. 合理安排步骤和措施

为了实现目标，计划类公文需要合理安排步骤和措施。步骤要清晰、有序，措施要具体、可行。例如，在制订生产计划时，可以将生产过程分为原材料采购、生产加工、质量检验、产品包装等步骤，并针对每个步骤制订相应的措施，如"原材料采购：与供应商签订长期合作协议，确保原材料质量和供应稳定性"。

3. 考虑资源和时间

计划类公文需要考虑资源和时间的分配，要根据目标和任务，合理安排人力、物力、财力等资源，并制订时间表，确保各项工作按时完成。例如，在制订项目计划时，要明确项目所需的人员、设备、资金等资源，并制订详细的项目进度表，明确每个阶段的完成时间和责任人。

三、使用DeepSeek写计划类公文的关键

1. 提供清晰的目标和要求

我们在使用DeepSeek写计划类公文时，要向DeepSeek提供

清晰的目标和要求，包括计划的背景、目标、任务、范围、时间等。例如，撰写一份年度工作计划时，要告诉 DeepSeek "这份计划是为了指导公司下一年度的工作，目标是实现业务增长30%，任务包括市场拓展、产品研发、团队建设等，时间范围是从 2025年 1 月 1 日到 2025 年 12 月 31 日"。

2. 明确计划的结构和内容

计划类公文通常有固定的结构和内容，如前言、目标、任务、步骤、措施、资源、时间安排等。在使用 DeepSeek 时，要明确告知 DeepSeek 计划的结构和内容，让 DeepSeek 按照要求生成相应的部分。例如，在撰写项目计划时，可以要求 DeepSeek "按照项目计划的结构，先写项目背景和目标，然后写项目的具体任务和步骤，再写资源需求和时间安排"。

3. 审核和补充生成内容

我们需要对 DeepSeek 生成的计划类公文内容进行审核和补充：要仔细检查计划的目标是否明确、任务是否合理、步骤是否清晰、措施是否可行、资源和时间安排是否合理等；对于不符合要求的地方，要及时进行补充和完善，确保计划的可行性和有效性。

四、实际操作案例

1. 部门工作计划

假设某市环保局在 2025 年年初，为了更好地履行环保职责，提升环境治理水平，需要制订一份年度工作计划，明确工作目标、任务、步骤和措施，以便有序开展环境监测、污染治理、生态修复等工作。使用 DeepSeek 写作时，可以这样提示："请以 ×× 市环保局的名义，按照标准公文格式，撰写一份 2025 年度工作计划。计划需包含明确的目标、可量化的任务、逻辑清晰的步骤及具体的措施，遵循 SMART 原则。语言规范，避免冗长。"

生成：

关于 2025 年度 ×× 市环保局工作计划

为深入贯彻生态文明思想，切实履行环保职责，提升我市环境质量，×× 市环保局 2025 年度工作计划内容如下：

一、工作目标

2025 年度，我市环保工作目标是：全市空气质量优良天数比例达到 90% 以上，地表水水质优良比例达到 85% 以上，土壤环境质量总体保持稳定，生态环境持续改善，环保违法违规行为得到有效遏制，环保监管能力显著提升。

二、工作任务

环境监测与评估：加强环境监测网络建设，提升监测能力，实现对大气、水、土壤等环境要素的全方位、实时监测；定期开展环境质量评估，及时掌握环境变化趋势，为环境决策提供科学依据。

污染治理与防控：持续推进大气污染防治行动计划，加强工业废气、机动车尾气、扬尘等污染源治理，确保空气质量持续改善；加大水污染防治力度，加强工业废水、生活污水治理，推进黑臭水体整治，保障水环境安全；加强土壤污染防治，开展土壤污染状况详查，推进污染土壤修复试点项目。

生态修复与保护：实施生态保护红线管控，加强自然保护区、湿地保护区等生态功能区管理，开展生态修复工程，提升生态系统服务功能；推进农村环境综合整治，加强农村生活垃圾、污水治理，改善农村人居环境。

环保监管与执法：加强环保监管能力，完善环保监管体系，提升监管效能；加大环保执法力度，严厉打击环保违法违规行为，维护环保法律法规的严肃性；加强环境应急管理，完善环境应急预案，提升环境应急处置能力。

三、工作步骤

一季度：制订年度环境监测计划，开展环境质量监测；启动大气污染防治专项行动，加强工业废气治理；开展水污染防治调研，制定水污染防治工作方案；推进土壤污染状况详查，启动污染土壤修复试点项目。

二季度：完成第一季度环境质量评估，发布环境质量报告；持续推进大气污染防治，加强机动车尾气治理；开展水污染防治工作，推进黑臭水体整治；加强土壤污染防治，开展土壤环境质量监测。

三季度：开展环境监测质量监督检查，确保监测数据准确可靠；加强大气污染防治，推进扬尘治理；加大水污染防治力度，加强工业废水治理；推进污染土壤修复工作，开展污染土壤修复技术培训。

四季度：进行年度环境质量评估，总结环境监测工作；开展大气污染防治工作总结，评估治理成效；开展水污染防治工作总结，评估治理成效；开展土壤污染防治工作总结，评估治理成效；开展环保监管与执法工作总结，评估工作成效。

四、工作措施

加强组织领导：成立环保工作领导小组，明确职责分工，加强统筹协调，确保各项工作任务落到实处。

强化部门协作：加强与相关部门的沟通协作，形成工作合力，共同推进环保工作；建立环保工作联席会议制度，定期研究解决环保工作中的重大问题。

加大资金投入：积极争取上级环保专项资金，加大市级环保资金投入，保障环保工作经费需求；加强环保资金管理，提高资金使用效益。

提升公众参与：加强环保宣传教育，提高公众环保意识，鼓励公众参与环保监督；建立环保举报奖励制度，激发公众参与环保工作的积极性。

×× 市环保局

2025 年 1 月 5 日

2. 项目工作计划

假设某市教育局在 2025 年，为了提升全市教育信息化水平，推动教育现代化，计划实施一个教育信息化建设项目，需要制订一份详细的项目工作计划，明确项目目标、任务、步骤、资源需求和时间安排，以确保项目顺利实施。使用 DeepSeek 写作时，可以这样提示："请以 ×× 市教育局的名义，撰写一份关于 ×× 教育信息化建设项目的项目工作计划。按照'背景—

目标—任务—步骤—资源—时间安排'的结构，每部分需列出3~5个关键要点，目标需量化（如覆盖率达 100% 等），步骤需包含时间节点。语言规范，避免冗余描述。"

生成：

关于 ×× 教育信息化建设项目工作计划

为提升我市教育信息化水平，推动教育现代化，×× 市教育局决定实施 ×× 教育信息化建设项目。

一、项目背景和目标

随着信息技术的快速发展，教育信息化已成为教育改革和发展的重要趋势。本项目旨在通过建设教育信息化基础设施，提升教育信息化应用水平，促进教育教学模式创新，提高教育教学质量。项目目标是在 2025 年 12 月 31 日前完成教育信息化基础设施建设，实现全市学校互联网接入率达到 100%，校园网覆盖率达到 100%，建成教育资源公共服务平台和教育管理公共服务平台，推动教育教学应用普及。

二、项目任务和步骤

1.项目启动阶段（2025 年 3 月 1 日—3 月 15 日）

成立项目领导小组和项目实施团队，明确职责分工。

开展项目需求调研，制订项目实施方案。

组织项目启动会议，部署项目实施工作。

2.基础设施建设阶段（2025 年 3 月 16 日—6 月 30 日）

完成全市学校互联网接入和校园网建设，实现网络全覆盖。

建设市教育信息化数据中心，部署服务器、存储设备等。

完成教育资源公共服务平台和教育管理公共服务平台的开发和部署。

3.应用推广阶段（2025 年 7 月 1 日—10 月 31 日）

开展教师信息技术应用培训，提升教师信息技术应用能力。

推广教育教学应用，如在线教学、在线作业、在线考试等。

建立教育信息化应用评价机制，促进应用普及。

4.项目验收阶段（2025 年 11 月 1 日—12 月 31 日）

组织项目竣工验收，评估项目实施效果。

完成项目总结报告，提出项目后续发展建议。

开展项目绩效评价，确保项目资金使用效益。

三、项目资源需求

人力资源：项目实施团队包括项目经理、技术工程师、培训师等，共计 15 人。

物力资源：项目需要服务器、存储设备、网络设备、计算机终端等硬件设备，以及软件开发工具、教育资源等。

财力资源：项目预算为 1500 万元，包括硬件设备采购、软件开发、网络建设、培训费用等。

四、项目时间安排

项目启动阶段：2025 年 3 月 1 日—3 月 15 日

基础设施建设阶段：2025 年 3 月 16 日—6 月 30 日

应用推广阶段：2025 年 7 月 1 日—10 月 31 日

项目验收阶段：2025 年 11 月 1 日—12 月 31 日

以上项目工作计划，请各县（区）教育局，市直各学校认真组织实施。如有任何问题或变更，请及时与市教育局联系。

×× 市教育局

2025 年 3 月 1 日

一、什么是规章类公文

规章类公文是为了规范工作流程、明确工作职责、加强管理而制定的具有约束力的公务文书。它通常包括规定、办法、细则、制度等。这类公文的主要特点是内容具体、要求明确、操作性强，是确保各项工作有序开展、维护正常秩序的重要依据。例如，单位内部的财务管理制度可以详细规定财务审批流程、费用报销标准、资金使用管理等，为财务工作提供明确的规范。

二、规章类公文的写作技巧

1. 明确规范对象和范围

在写作规章类公文时，首先要明确规范的对象和范围，这是整个规章的核心。对象要具体、明确，范围要清晰、合理。例如，制定员工考勤制度时，对象可以是"本单位全体员工"，范围可以是"工作时间、考勤方式、请假审批等"。

2. 详细规定内容和要求

为了实现规范目的，规章类公文需要详细写清规定的内容和要求。内容要全面、细致，要求要明确、具体。例如，在制定安全生产管理制度时，可以详细规定"安全生产责任、安全操作规程、安全检查制度、事故应急预案"等内容，要求"各部门负责人对本部门安全生产负总责，员工必须严格遵守安全操作规程"。

3. 合理设置处罚措施

规章类公文通常需要设置处罚措施，以确保规章有效执行。处罚措施要合理、适度，与违规行为的严重程度相匹配。

三、使用 DeepSeek 写规章类公文的关键

1. 提供明确的规范目的和要求

在使用 DeepSeek 写规章类公文时，要向 DeepSeek 提供明确的规范目的和要求，包括规范的对象、范围、内容、要求等。例

如，撰写一份员工考勤制度时，要告诉 DeepSeek"这份制度是为了规范员工考勤管理，提高工作效率，对象是本单位全体员工，范围是工作时间、考勤方式、请假审批等"。

2. 明确规章的结构和内容

规章类公文通常有固定的结构和内容，如目的、对象、范围、内容、要求、处罚措施等。在使用 DeepSeek 时，要明确告知 DeepSeek 规章的结构和内容，让 DeepSeek 按照要求生成相应的部分。例如，在撰写安全生产管理制度时，可以要求 DeepSeek"按照安全生产管理制度的结构，先写规范目的，然后写规范对象和范围，接着写具体内容和要求，最后写处罚措施"。

3. 审核和补充生成内容

要仔细检查规章的内容是否明确、要求是否合理、处罚措施是否适当等。对于不符合要求的地方，要及时进行补充和完善，确保规章的合理性和有效性。

四、实际操作案例

假设某市交通管理局为了加强城市停车管理，规范停车秩序，需要制定停车管理规定。使用 DeepSeek 写作时，可以这样提示："请以 ×× 市交通管理局的名义，撰写一份关于城市停车管理的规定。内容需包括目的、适用对象、适用范围、停车规则、管理措施、处罚条例六大部分。每部分应有具体规定，处罚措施需合理且匹配违规程度。格式标准，语言正式。"

生成：

关于 ×× 市城市停车管理规定

为加强城市停车管理，规范停车秩序，保障交通安全，根据国家有关法律法规，结合我市实际，制定本规定。

一、规范目的

本规定旨在规范我市城市停车秩序，提高停车资源利用效率，保障道路交通安全畅通。

二、规范对象和范围

本规定适用于我市城市规划区内的所有车辆及驾驶员。范围包括城市道路、公共停车场、专用停车场等。

三、停车泊位设置

城市道路停车泊位由市交通管理部门统一规划设置，任何单位和个人不得擅自设置或改变停车泊位。

公共停车场和专用停车场的设置应当符合城市规划和交通需求，具备相应的安全防护设施。

四、停车行为规范

车辆应当在规定的停车泊位内停放，不得占用消防通道、盲道等。

驾驶员应当按照规定缴纳停车费用，遵守停车场管理规定。

车辆停放应当按照指示标志和地面标线有序停放，不得逆向停车。

五、监督管理

市交通管理部门负责对城市停车进行统一监督管理，定期开展停车秩序检查。

停车场经营者应当依法经营，接受市交通管理部门的监督指导。

六、处罚措施

违反本规定擅自设置停车泊位的，由市交通管理部门责令限期改正，并处以罚款。

车辆违反规定停放的，由市交通管理部门依法予以处罚。

××市交通管理局

2025 年 1 月 10 日

一、什么是讲话类公文

讲话类公文是在会议、活动等场合，由领导或相关负责人发表的口头或书面表达的公务文书。它通常包括发言稿、欢迎词、致辞等。这类公文的主要特点是内容针对性强、语言表达生动、具有感染力，是传达信息、表达态度、营造氛围的重要手段。例如，在工作会议上的发言稿可以总结工作成果、部署工作任务、提出工作要求，起到统一思想、凝聚力量的作用。

二、讲话类公文的写作技巧

1. 明确讲话目的和对象

在写作讲话类公文时，首先要明确讲话的目的和对象，这是整个讲话的核心。目的要清晰、明确，对象要具体、准确。例如，撰写欢迎词时，目的可以是"表达对客人的欢迎和友好"，对象可以是"来访的嘉宾或合作伙伴"。

2. 把握讲话场合和氛围

讲话类公文的写作要充分考虑讲话的场合和氛围，语言要得体、恰当。例如，在庄重的会议场合，语言要严肃、正式；在轻松的活动场合，语言可以活泼、幽默。

3. 突出重点和亮点

讲话类公文要突出重点和亮点，以吸引听众的注意力。可以通过生动的事例、形象的比喻、有力的数据等方式来增强讲话的感染力和说服力。例如，在发言稿中，可以列举一些成功的案例来说明工作的成效，或者提出一些创新的观点来引发听众的思考。

三、使用 DeepSeek 写讲话类公文的关键

1. 提供清晰的讲话背景和要求

在使用 DeepSeek 写讲话类公文时，要向 DeepSeek 提供清晰

的讲话背景和要求，包括讲话的场合、目的、对象、时长等。例如，撰写一份会议发言稿时，要告诉 DeepSeek "这份发言稿是在 ×× 会议上发表，目的是总结工作成果、部署下一步工作，对象是参加会议的领导和同事，时间是 10 分钟左右"。

2. 明确讲话的结构和内容

讲话类公文通常有固定的结构和内容，如开头、主体、结尾等。在使用 DeepSeek 时，要明确告知 DeepSeek 讲话的结构和内容，让 DeepSeek 按照要求生成相应的部分。例如，在撰写欢迎词时，可以要求 DeepSeek "按照欢迎词的结构，先写开头，表示欢迎，然后写主体，介绍活动情况和表达期望，最后写结尾，再次表示欢迎和感谢"。

3. 审核和调整生成内容

对 DeepSeek 生成的讲话类公文内容要进行审核和调整，仔细检查讲话的内容是否符合要求、语言是否得体、逻辑是否清晰、是否符合讲话人的表达习惯等。对于不符合要求的地方，要及时进行修改和完善，确保内容的质量和效果。

四、实际操作案例

假设某市文化局局长在 2025 年全市文化交流活动开幕式上需要发表欢迎词，使用 DeepSeek 写作时，可以这样提示："请以 ×× 市文化局局长的名义，撰写一份在 2025 年全市文化交流活动开幕式上的欢迎。结构包括'开场欢迎、活动简介、文化交流意义、期望寄语、结束祝福'，语言需生动、富有感染力，可引用名言或文化故事增强表现力。"

生成：

在 2025 年全市文化交流活动开幕式上的欢迎词

尊敬的各位嘉宾、朋友们：

大家好！在这个美好的时刻，我们相聚在这里，共同开启 2025 年全市文化交流活动的序幕。我谨代表 ×× 市文化局，向出席今天开幕式的嘉宾、朋友们表示热烈的欢迎和诚挚的问候！

本次文化交流活动，旨在搭建一个展示文化成果、促进文化交流的平台，让大家在活动中领略到我市丰富的文化底蕴和独特的文化魅力。活动期间，我们将举办文化展览、文艺演出、文化讲座等一系列丰富多彩的文化活动，希望大家能够积极参与，共同感受文化的魅力。

文化是民族的血脉，是人民的精神家园。我们希望通过本次文化交流活动，进一步弘扬我市优秀传统文化，促进文化创新，推动文化大发展大繁荣。同时，也希望大家能够以本次文化交流活动为契机，加强交流与合作，共同推动我市文化事业的发展。

最后，预祝本次文化交流活动取得圆满成功！祝愿各位嘉宾、朋友们在活动中度过一段美好的时光！

谢谢大家！

一、什么是书信类公文

书信类公文是党政机关、企事业单位、社会团体等在日常工作中用于沟通交流、传递信息、表达情感的一种公务文书。它通常包括感谢信、慰问信、倡议书、邀请信等。这类公文的主要特点是格式规范、内容简洁明了、语言得体恰当，是维护良好关系、促进工作开展的重要工具。例如，感谢信可以表达对合作伙伴的感激之情，慰问信可以传递对员工的关怀与问候，倡议书则用于倡导某种行为或理念，邀请信用于邀请相关人员参加活动或会议。

二、书信类公文的写作技巧

1. 明确写信目的和对象

在写作书信类公文时，首先要明确写信的目的和对象，这是整个书信的核心。目的要清晰、明确，对象要具体、准确。例如，撰写一封倡议书时，目的可以是"倡导大家积极参与某项活动"，对象可以是"全体员工"或"社会公众"。

2. 把握书信格式和结构

书信类公文有其特定的格式和结构，包括称呼、正文、结尾、署名和日期等部分。称呼要得体，正文要简洁明了，结尾要恰当，署名和日期要规范。例如，在感谢信中，称呼要根据收信人的身份选择合适的称谓，如"尊敬的＿＿＿＿＿（姓名）"；正文要详细表达感谢之情；结尾可以使用"此致敬礼"等常用语，署名和日期要写在正文右下角。

3. 运用恰当的语言风格

根据书信的类型和目的，运用恰当的语言风格。感谢信、慰问信等要表达真挚的情感，语言要亲切、温暖；倡议书、邀请信等要具有号召力和吸引力，语言要生动、有力。例如，在倡议书中，可以使用一些富有感染力的语句，如"让我们携手共进，为实现目标而努力奋斗"。

4. 注意书信的礼仪规范

在写作书信类公文时，要注意书信的礼仪规范，体现尊重和礼貌。例如，感谢信要表达真诚的感激之情，慰问信要传递温暖的关怀，倡议书要尊重他人的选择和意愿，邀请信要表达诚挚的邀请。

三、使用 DeepSeek 写书信类公文的关键

1. 提供清晰的写信背景和要求

在使用 DeepSeek 写书信类公文时，要向 DeepSeek 提供清晰的写信背景和要求，包括写信的目的、对象、内容要点等。例如，撰写一封倡议书时，要告诉 DeepSeek "这份倡议书是为了倡导大家积极参与某项活动，对象是全体员工，内容要点包括活动的意义、目标、具体行动等"。

2. 明确书信的格式和结构

向 DeepSeek 明确书信的格式和结构要求，包括称呼、正文、结尾、署名和日期等部分的写法。例如，在撰写感谢信时，可以要求 DeepSeek "按照感谢信的格式，先写称呼，然后写正文表达感谢之情，接着写结尾，最后写署名和日期"。

3. 审核和调整生成内容

要仔细检查 DeepSeek 生成的书信内容是否符合要求、语言是否得体、格式是否规范等。对于不符合要求的地方，要及时进行修改和完善，确保书信的质量和效果。

四、实际操作案例

假设某市图书馆为了倡导市民多读书、读好书，提升文化素养，营造良好的社会文化氛围，需要撰写一封读书倡议书。使用 DeepSeek 写作时，可以这样提示："请以 × × 市图书馆的名义，撰写一封关于读书的倡议书。格式为'倡议背景—倡议主题—行动建议—公众号召—结尾祝愿'，建议以'书香社会'或'全民阅读'作为主题，行动建议需包含每日阅读时间、每月阅读目标等可执行的举措。"

生成：

关于读书的倡议书

亲爱的市民朋友们：

书籍是人类进步的阶梯，是获取知识、传承文化的重要载体。为了倡导大家多读书、读好书，提升文化素养，营造良好的社会文化氛围，××市图书馆向全体市民发出以下倡议。

一、倡议背景

在当今信息时代，知识更新换代的速度越来越快，读书成为我们跟上时代步伐、提升自我能力的重要途径。然而，随着生活节奏的加快和电子产品的普及，很多人逐渐远离了书籍，阅读时间越来越少。为了改变这一现状，我们倡议大家重新拾起书本，让读书成为一种生活习惯。

二、倡议主题

书香伴我行，阅读促成长

三、倡议对象

全体市民朋友

四、倡议内容和措施

每天读书一小时：让我们从自己做起，每天抽出一小时的时间来读书。可以选择在清晨、午后或者睡前，静下心来，沉浸在书籍的世界里，感受文字的魅力。

每月阅读一本书：制订每月阅读一本书的计划，根据自己的兴趣和需求选择不同类型的书籍，如文学、历史、科学、艺术等。通过每月阅读一本书，不断拓宽自己的知识面和视野。

参加读书分享会：积极参加图书馆、社区等组织的读书分享会，与他人交流读书心得和体会。在分享中，我们可以相互启发、共同进步，激发更多的阅读热情。

营造家庭读书氛围：在家庭中营造良好的读书氛围，与家人一起读书、讨论。可以设置家庭书架，收藏各类书籍，让家庭充满书香气息，培养下一代的阅读兴趣和习惯。

五、结语

让我们携手踏上读书之旅，让书香伴我们同行，让阅读促进我们的成长。相信在我们的共同努力下，我们的城市将充满书香，我们的生活将更加美好！

×× 市图书馆

2025 年 4 月 23 日

一、什么是工作总结类公文

工作总结类公文是对一定时期内的工作进行回顾、分析和评价的公务文书。这类公文的主要特点是内容全面、重点突出、数据翔实，是反映工作成效、经验教训和存在的问题的重要依据。例如，政府机关单位的年度工作总结可以全面回顾一年来的工作进展、成效亮点、面临的挑战以及未来的工作计划，为上级领导和相关部门提供决策参考。

二、工作总结类公文的写作技巧

1. 全面回顾工作内容

在写作工作总结时，要全面梳理一定时期内的工作内容，包括工作任务的完成情况、工作措施的实施效果等。例如，在政府机关单位的年度工作总结中，要详细回顾各部门的工作进展，如项目推进、政策落实、服务群众等方面的情况。

2. 突出重点和亮点

在全面回顾的基础上，要突出工作中的重点和亮点，展示工作成效和特色。例如，在工作总结中，可以重点介绍某项重大项目的成功实施、某项创新政策的显著成效等，用具体的数据和事例来支撑。

3. 分析存在的问题和不足

工作总结不仅要总结成绩，还要客观分析工作中存在的问题和不足，为改进工作提供依据。例如，在政府机关单位的工作总结中，可以分析工作中遇到的困难和挑战，如资源短缺、协调不畅等，并提出相应的改进措施。

4. 提出未来的工作计划

工作总结要结合实际情况，提出未来一段时间的工作计划和目标，为后续工作提供指导。例如，在年度工作总结中，可以提出下一年度的工作重点和目标，如推进某项新政策的实施、启动某个新项目等。

三、使用 DeepSeek 写工作总结类公文的关键

1. 提供详细的工作信息

在使用 DeepSeek 写工作总结时，要向 DeepSeek 提供详细的
工作信息，包括工作内容、工作进展、工作成效、存在的问题等。
例如，在撰写政府机关单位的年度工作总结时，要提供各部门的
工作报告、项目进展数据、政策实施效果等信息，让 DeepSeek
有充分的素材进行总结。

2. 明确总结的结构和重点

要明确告诉 DeepSeek 工作总结的结构和重点，如开头要简
要介绍总结的背景和目的，主体部分要全面回顾工作内容、突出
重点和亮点、分析存在的问题，结尾部分要提出未来的工作计划。
例如，在撰写工作总结时，可以要求 DeepSeek "先写开头，介
绍总结背景，然后写主体部分，详细总结工作内容和成效，接着
分析存在的问题，最后写未来的工作计划"。

3. 审核和补充生成内容

要仔细检查总结的内容是否全面、重点是否突出、数据是否准确、分析是否客观等。对于不符合要求的地方，要及时进行修改和完善，确保工作总结的质量和价值。

四、实际操作案例

假设某市政府机关单位在 2024 年年底，需要撰写一份年度工作总结，回顾一年来的工作进展、成效亮点、面临的挑战以及未来工作计划。使用 DeepSeek 写作时，可以这样提示："请以 ×× 市政府机关单位的名义，撰写一份 2024 年年度工作总结。内容需包含'年度背景—主要任务—重点成果—问题分析—未来规划'，重点成果需量化（如 GDP 增长＿＿＿%、投资额增加＿＿＿%），未来规划应包括 3~5 项关键目标。语言正式，数据准确。"

生成：

关于 ×× 市政府 2024 年度工作总结

2024 年，我市政府机关单位紧紧围绕全市中心工作，扎实推进各项工作，取得了显著成效。现将 2024 年度工作总结如下。

一、工作背景

2024 年，我市面临经济转型升级、社会民生改善、生态环境保护等多重任务，政府机关单位肩负着重要的职责和使命。我们坚持以人民为中心的发展思想，全力推进各项工作，全市经济运行平稳，社会发展态势向新向好。

二、工作内容

经济工作：我们积极推动经济转型升级，加强产业政策引导，支持企业发展。全年共引进重大项目 50 个，总投资额达500 亿元，为我市经济发展注入了新动力。

社会民生：我们着力改善社会民生，加大教育、医疗、就业等领域的投入。新建学校 10 所，增加学位 5000 个；新建医院 5 家，增加床位 1000 张；新增就业岗位 20000 个，城镇登记失业率控制在 3% 以内。

生态环境：我们加强生态环境保护，推进污染防治攻坚战。全市空气质量优良天数比例达到 90%，地表水水质优良比例达到 85%，土壤环境质量总体保持稳定。

三、工作成效

经济发展：通过引进重大项目，我市经济保持稳定增长，地区生产总值增长 8%，固定资产投资增长 10%，财政收入增长 12%。

社会民生：教育、医疗、就业等领域的投入成效显著，人民群众的获得感、幸福感、安全感不断提升。

生态环境：污染防治攻坚战取得阶段性胜利，生态环境质量持续改善，为我市可持续发展奠定了坚实基础。

四、存在的问题

经济结构有待优化：我市经济仍以传统产业为主，新兴产业发展相对不足，经济结构有待进一步优化。

公共服务水平有待提升：虽然我们在教育、医疗、就业等领域取得了一定成效，但与人民群众的期望相比，仍存在一些不足之处，公共服务水平有待进一步提升。

生态环境压力依然较大：尽管我们在生态环境保护方面做了大量工作，但生态环境压力依然较大，污染防治任务依然艰巨。

五、未来的工作计划

优化经济结构：我们将加大新兴产业培育力度，推动传统产业转型升级，优化经济结构，提高经济发展质量和效益。

提升公共服务水平：我们将继续加大教育、医疗、就业等领域的投入，提升公共服务水平，满足人民群众日益增长的美好生活需要。

加强生态环境保护：我们将持续推进污染防治攻坚战，加强生态环境保护，推动我市生态环境质量持续改善。

××市政府

2024 年 12 月 30 日

会议记录是对会议的讨论内容、决策事项、行动要点等进行记录和整理的公务文书。这类公文的主要特点是内容翔实、条理清晰、重点突出，是会议成果的重要体现，也是后续工作开展的重要依据。例如，政府机关单位的项目推进会议记录可以详细记录项目的进展情况、存在的问题、下一步的工作计划等，为项目的顺利推进提供有力支持。

一、会议记录类公文的写作技巧

1. 全面记录会议内容

在写作会议记录时，要全面记录会议讨论的内容，包括各方的观点、意见、建议等。例如，在记录政府机关单位的项目推进会议时，要详细记录项目负责人、相关部门代表等的发言内容，确保信息的完整性。

2. 突出重点和关键信息

在全面记录的基础上，要突出会议的重点和关键信息，如决策事项、行动要点、时间节点等。

3. 准确记录决策事项和行动要点

会议记录要准确记录会议的决策事项和行动要点，包括具体的任务、责任人、完成时间等。例如，在记录项目推进会议时，要明确记录项目的下一步工作任务、由谁负责、何时完成等信息。

4. 注意语言表达和格式规范

会议记录的语言要简洁明了、准确规范，格式要符合公文要求。例如，会议记录的开头要写明会议的基本信息，如会议主题、时间、地点、参会人员等，正文部分要按照讨论内容、决策事项、行动要点等进行分段记录。

二、使用 DeepSeek 写会议记录类公文的关键

1. 提供清晰的会议记录需求

在使用 DeepSeek 写会议记录时，要向 DeepSeek 提供清晰的会议记录需求，包括会议的主题、参会人员、讨论内容等。例如，

可以告诉 DeepSeek "这是关于政府机关单位项目推进会议的记录，参会人员包括项目负责人、相关部门代表等，讨论内容包括项目的进展情况、存在的问题、下一步的工作计划等"。

2. 利用语音转文字工具提高效率

可以先使用语音转文字工具将会议录音转换为文字，然后将转换后的文字提供给 DeepSeek，让其进行整理和优化。例如，使用录咖等工具将会议录音转换为文字，然后将文字内容复制到 DeepSeek 中，让其生成会议记录。

3. 审核和补充生成内容

要仔细检查 DeepSeek 生成的会议记录内容是否完整、准确，重点和关键信息是否突出等。对于不符合要求的地方，要及时进行修改和完善，确保会议记录的质量和价值。

三、实际操作案例

假设某市政府机关单位在 2024 年 10 月 15 日召开了一场项目推进会议，会议主要讨论了项目的进展情况、存在的问题以及下一步的工作计划。使用 DeepSeek 写作时，可以这样提示："请根据以下会议内容，生成一份项目推进会议记录。会议记录要包括会议主题、时间、地点、参会人员、讨论内容、决策事项、行动要点等，内容要翔实、条理清晰、重点突出，符合公文规范。"

生成：

××市政府机关单位项目推进会议记录

会议主题：××市政府机关单位项目推进会议

会议时间：2024年10月15日

会议地点：市政府会议室

参会人员：项目负责人、相关部门代表

会议内容：

项目进展情况：项目负责人汇报了项目的进展情况，包括已完成的工作、取得的成果等。目前，项目已完成前期调研和方案设计，进入实施阶段。

存在的问题：相关部门代表提出了项目实施过程中存在的问题，如资金短缺、人员不足等。这些问题对项目的推进造成了一定的影响。

下一步工作计划：会议讨论了项目的下一步工作计划，包括解决资金短缺问题、增加人员投入、加快项目进度等。项目负责人表示将积极协调各方资源，确保项目按时完成。

决策事项：

解决资金短缺问题：由财务部门负责筹集项目所需资金，确保项目顺利推进。

增加人员投入：由人力资源部门负责调配人员，增加项目实施力量。

行动要点：

项目负责人：负责协调各方资源，加快项目进度，定期向领导小组汇报项目进展情况。

财务部门：负责筹集项目所需资金，确保资金及时到位。

人力资源部门：负责调配人员，增加项目实施力量，确保人员按时到岗。

以上会议记录，请各相关部门认真执行。如有任何疑问或建议，请及时与项目领导小组联系。

第六章

DeepSeek
可以辅助的
其他政务工作

用 DeepSeek 提升政务效能：
AI 助手在政府工作中的应用

在数字化转型的浪潮中，人工智能正成为提升政府效能的重要工具。DeepSeek 作为专为政务场景优化的 AI 助手，能够帮助我们在政策制定、公共服务、数据治理等多个领域实现效率跃升。

一、DeepSeek 在政务领域的应用

1. 政策智囊：让决策更科学

数据洞察：上传经济、人口等数据，自动生成趋势分析报告（如"老龄化对社保基金的压力预测"）。

政策模拟：输入政策草案参数（如环保税税率），快速获得对就业、企业成本等影响的量化评估。

法规检索：用自然语言提问（如"查找长三角区域人才引进补贴政策"），秒级提取相关条文与案例。

2. 服务升级：让群众更满意

智能客服：接入政务平台，自动解答 80% 的常见咨询（如社保办理流程、材料清单）。

精准推送：基于群众画像（如年龄、居住地），定向推送适配政策（创业补贴、公租房申请）。

无障碍沟通：实时翻译少数民族语言或外语，支持语音交互（特别适合基层窗口）。

3. 数据中枢：让治理更精准

跨库分析：关联分析分散在各部门的数据（如将教育数据与就业数据结合，预测技能培训需求）。

舆情预警：监控全网信息，自动生成舆情日报（附热点话题、情绪分析、风险等级）。

资源调度：输入应急事件信息（如台风路径），输出最优物资分配与疏散路线方案。

4. 流程管家：让运作更规范

自动化审批：预设规则后，AI 自动核验材料完整性（如营业执照真伪比对）。

审计助手：扫描财务数据，标记异常报销、招投标风险点（如同一 IP 多次投标）。

进度追踪：可视化展示项目进展，自动提醒超期风险。

5. 监督利器：让权力更透明

智能审计：上传财务报表或招标文件，自动标记异常数据（如重复报销、超限采购）。

流程留痕：实时记录行政审批各环节操作，生成可追溯的电子档案。

6. 民意桥梁：让共治更高效

诉求聚类：汇总 12345 热线、信访平台的群众意见，提炼高频问题与情绪倾向。

虚拟听证：输入争议议题（如老小区电梯改造），AI 模拟不同利益群体观点，平衡方案。

二、操作步骤

1. 步骤 1：明确需求

场景选择，对照你的职责定位适用场景：

- 政策研究者→政策模拟 / 数据分析。

- 窗口服务者→智能客服 / 材料预审。

- 管理者→舆情监测 / 资源调度。

2. 步骤 2：准备输入

数据要求：

- 结构化数据（Excel/ 数据库）：直接上传分析。

- 文本文件（政策 / 报告）：支持 PDF/Word 解析。

- 注意：敏感数据需先脱敏（如隐藏身份证号）。

3. 步骤 3：获取结果

交互方式：

- 对话模式：像同事一样提问（如"请分析近三年我市空气质量与工业产值的关系"）。

- 模板工具：使用预制模板（如"舆情报告生成器""政策影响评估表"）。

- API 对接：技术部门可将 AI 能力嵌入现有系统（如政务 App 智能问答模块）。

三、注意事项

1. 安全为先

数据分级：涉及个人隐私、国家秘密的数据严禁直接上传，须通过本地部署保密版处理。

权限控制：建议建立分级账号体系（如处室负责人可查看全量数据，科员仅限部分数据）。

2. 人机协同

AI 定位：辅助工具而非决策主体，输出结果须经人工复核（特别是政策建议类内容）。

持续优化：定期反馈 AI 误判案例（如错误解读某类证明材料），系统将有针对性地改进。

3. 伦理合规

避免算法偏见：检查数据代表性（如农村数据缺失可能导致服务推送偏差）。

透明可解释：涉及民生的重要决策（如学区划分），须保留 AI 分析过程的逻辑追溯。

四、实操案例

1. 案例 1：民政部门——补贴资格智能初审

操作：上传申请材料扫描件→ AI 自动识别收入证明、户籍信息→标记缺失材料与矛盾点。

成效：某区民政局将审核时间从 3 天缩短至 2 小时，错误率下降 40%。

2. 案例 2：发改委——基础设施投资评估

操作：输入项目规划→ AI 模拟对 GDP（国内生产总值）、就业、环境的影响→生成多方案对比报告。

成效：辅助筛出单位投资就业带动率最高的方案，避免重复建设。

3. 案例 3：审计局——政府采购智能监察

操作：接入 3 年采购数据→ AI 识别围标特征（如多家供应商相同互联网协议地址投标）→生成风险企业清单。

成效：某市审计局查处违规资金超 3000 万元，预警准确率达 82%。

DeepSeek 在数据分析方面的运用及操作方法

在数字化时代，数据已成为政府决策和公共服务的核心资源。DeepSeek 作为一款先进的 AI 大模型，在政府数据分析领域展现出了强大的能力，为政府工作人员提供了高效、智能的工具，助力政务工作迈向新台阶。

一、数据收集与整合

1. 多渠道数据接入

DeepSeek 能够帮助整合来自不同部门、不同系统的数据，打破数据孤岛。例如，某市某区通过 DeepSeek 整合了 12 个部门的 34 个系统，实现了数据的实时互通，材料重复提交率下降了 82%。政府工作人员可以利用 DeepSeek 的数据接入功能，将分散在各个业务系统中的数据集中到一个平台，方便后续的分析和处理。

2. 数据清洗与预处理

在数据收集过程中，往往会遇到数据格式不一致、数据缺失、数据错误等问题。DeepSeek 提供了强大的数据清洗和预处理功能，能够自动识别和处理这些问题。例如，通过数据清洗，可以将不同格式的数据统一为标准格式，便于后续的分析。同时，DeepSeek 还可以对缺失数据进行补全，对异常数据进行修正，提高数据的质量。

二、数据分析与挖掘

1. 智能问答与快速查询

DeepSeek 的智能问答功能，让政府工作人员能够以自然语言的方式快速查询数据。例如，在某市的政务服务中，DeepSeek 的智能客服系统可以为市民提供 24 小时的在线咨询服务，解答市民的各类问题。政府工作人员也可以利用这一功能，快速获取所需的数据信息，提高工作效率。

2. 情感分析与民意洞察

在民生服务领域，DeepSeek 可以对市民的诉求进行情感分析，了解市民对政府工作的满意度和意见建议。例如，某市某区通过 DeepSeek 将民生诉求分拨准确率从 70% 提升至 95%，减少了重复工单。政府工作人员可以利用情感分析结果，及时调整工作策略，提高民生服务的质量。

3. 趋势预测与决策支持

DeepSeek 基于大数据分析和机器学习算法，能够对未来的趋势进行预测。例如，在城市管理中，DeepSeek 可以预测城市交通流量，优化交通信号灯的设置，缓解交通拥堵问题。政府工作人员可以利用这些预测结果，提前制定应对措施，提高决策的科学性和前瞻性。

三、数据可视化与报告生成

1. 数据可视化

DeepSeek 能够将复杂的数据以直观的图表形式展示出来，帮助工作人员更好地理解和分析数据。例如，通过柱状图、折线图、饼图等图表，清晰地展示数据的分布和变化趋势。工作人员可以利用这些可视化图表，快速发现数据中的关键信息，从而提高数据分析的效率。

2. 报告生成

DeepSeek 还可以自动生成数据分析报告，为政府工作人员提供决策支持。例如，在民生服务领域，DeepSeek 可以生成民生诉求态势预警报告，帮助政府工作人员及时了解民生问题的动态。政府工作人员可以利用这些报告，向领导汇报工作进展，为决策提供依据。

四、操作方法与技巧

1. 精准提问

在使用 DeepSeek 进行数据查询时，可以通过精准提问来获取更准确的答案。例如，使用"背景 + 任务 + 要求 + 补充"的四步提问法，清晰地向 DeepSeek 传达需求。这样可以减少信息的模糊性，提高回答的准确性。

2. 任务拆解

对于复杂的数据分析任务，可以将任务进行拆解，让 DeepSeek

分阶段完成。例如，在撰写数据分析报告时，可以先让 DeepSeek 生成大纲，再逐步完善内容。这样可以提高工作效率，确保每个部分都达到预期的效果。

3. 连续追问

在使用 DeepSeek 时，如果对生成的内容不满意，可以通过连续追问来优化内容。例如，要求 DeepSeek 提供更具体的细节或调整语言风格，直到达到满意的效果。

4. 使用提示词

巧妙使用提示词能够极大地激发 DeepSeek 的创作灵感。例如，在撰写一篇关于城市交通管理的报告时，输入"交通流量""拥堵""优化"等关键词，引导 DeepSeek 生成更符合需求的内容。

5. 结合实际业务

政府工作人员可以将 DeepSeek 与实际业务相结合，提高工作效率。例如，某市市场监管局企业登记注册场景接入 DeepSeek 大模型技术，实现企业登记注册业务 24 小时在线"智能咨询"服务，打造"能感知、会思考、有温度"的"AI 公务员"。

    DeepSeek 在政府数据分析领域的运用，为政府工作人员提供了强大的支持。通过数据收集与整合、数据分析与挖掘、数据可视化与报告生成等功能，政府工作人员可以更高效地完成工作任务，提高决策的科学性和前瞻性。

如何用 DeepSeek 更好地运营官方媒体

在数字化时代，官方媒体的运营面临着诸多挑战和机遇。如何在海量的信息中脱颖而出，吸引受众关注，传递有价值的内容，是每一个官方媒体运营者都需要思考的问题。DeepSeek 作为一款先进的辅助工具，为官方媒体的运营提供了强大的支持。

一、DeepSeek 能提供什么帮助

1. 数据驱动的内容创作

DeepSeek 能够基于大数据分析，帮助官方媒体了解受众的需求和兴趣点。通过对海量数据的挖掘和分析，DeepSeek 可以提供详细的市场趋势分析，让运营者精准捕捉用户需求与平台动向，从而制定高效的内容策略。

2. 帮助生成不同的文案风格

官方媒体通常需要在多个平台上发布内容，以扩大影响力。DeepSeek 可以帮助运营者根据不同平台的特点和用户需求，生成适配的内容。

二、如何利用 DeepSeek 运营官方媒体

1. 明确目标与定位

在使用 DeepSeek 运营官方媒体之前，首先要明确媒体的目标与定位。官方媒体的目标通常包括传递政策信息、服务民生、宣传政府工作等；根据目标，确定媒体的定位，如政策解读、民生服务、文化宣传等。明确目标与定位后，可以更有针对性地使用 DeepSeek 的功能，制定内容策略。

示例：某市政府官方媒体以宣传本地文化为核心目标，利用 DeepSeek 分析受众对本地文化的兴趣点，如传统节日、民俗活动等，从而确定内容定位，创作相关主题的文章和视频，吸引了大量本地受众的关注。

2. 内容创作与优化

根据数据分析结果，利用 DeepSeek 进行内容创作与优化。

DeepSeek 可以帮助运营者生成内容创意、优化标题和设计封面方案、调整内容形式等。例如，运营者可以输入相关话题标签，DeepSeek 会提供灵感来源或直接生成完整的文案建议。同时，DeepSeek 还可以分析标题、封面、内容形式等因素对传播效果的影响，为运营者提供优化建议。

示例：某市政府官方媒体在撰写一篇关于城市规划的文章时，利用 DeepSeek 生成大纲和初步内容。然后，根据 DeepSeek 的优化建议，调整了文章的标题和部分段落，使文章更具吸引力和可读性，最终获得了较高的阅读量。

3. 多平台适配与分发

DeepSeek 可以将单篇优质内容生成 3~5 种风格变体，适配不同平台的特性。例如，在小红书上，内容形式更加短平快；而在知乎上，内容则更倾向于深度解析。运营者可以根据平台特点，选择适配的内容进行发布，提升内容的传播效能。

示例：某市政府官方媒体在发布一篇关于环保政策的文章时，利用 DeepSeek 生成了适配不同平台的内容。例如，在微博上发布简洁明了的图文内容，在微信公众号上发布详细深入的文章，在抖音上发布充满趣味的短视频，有效扩大了内容的传播范围。

如何用 DeepSeek 生成优质短视频文案

在当今数字化时代，短视频平台已成为信息传播的重要渠道，官方媒体也纷纷入驻，旨在更高效地传递信息、服务大众。然而，创作出既符合平台风格又具有吸引力的短视频文案，是摆在官方媒体运营者面前的一大难题。DeepSeek 作为一款强大的 AI 工具，为官方短视频账号的文案创作提供了全新的助力。

一、做好短视频的重要性

短视频以其简洁明快、生动形象的特点，深受广大网民喜爱。对于官方媒体而言，做好短视频具有重要意义。首先，短视频能够快速传递信息，适应现代人快节奏的生活方式。它可以在很短的时间内，将重要的政策解读、民生服务信息等传递给受众。其次，短视频具有强大的传播力和影响力，通过有趣的创意和生动的表现形式，能够吸引更多用户关注，扩大官方媒体的传播范围。最后，短视频平台为官方媒体与受众提供了互动交流的空间，有助于增强与民众的联系，提升政府形象。

二、如何适应不同的短视频平台风格

不同的短视频平台有着不同的用户群体和内容风格，官方媒体账号需要根据平台特点进行有针对性的内容创作。

1. 抖音

抖音用户各年龄层都有，内容风格偏向娱乐化、个性化。官方媒体在抖音上发布的内容可以更加轻松活泼，运用流行的音乐、特效和创意剪辑，吸引用户关注。例如，可以制作一些政策解读类的短视频，以动画、漫画等形式呈现，增加趣味性。

2. B 站（哔哩哔哩）

B 站用户以青少年和年轻人群体为主，内容风格偏向二次元、科技、文化等领域。官方媒体在 B 站上发布的内容可以更加注重深度和专业性，结合年轻人感兴趣的元素进行创作。例如，可以制作一些历史文化类的短视频，以生动的故事和精美的画面吸引用户。

3. 小红书

小红书以女性用户为主，内容风格偏向生活化、情感化。官方媒体在小红书上发布的内容可以更加贴近生活，以温馨、感人的故事和实用的信息吸引用户。例如，可以制作一些民生服务类的短视频，以真实案例和贴心建议为用户提供帮助。

三、如何设计高效提示词来生成视频文案

提示词是引导 DeepSeek 生成符合需求文案的关键。设计高效提示词需要注意以下几点：

1. 明确主题

清晰地表述短视频的主题，让 DeepSeek 知道要围绕什么内容进行创作。例如，"制作一条关于垃圾分类的短视频文案"。

2. 指定风格

根据平台特点和目标受众，指定文案的风格。例如，"文案风格要轻松幽默，适合抖音平台"。

3. 提出要求

对文案的结构、内容、时长等提出具体要求。例如，"文案时长控制在 30 秒以内，包含垃圾分类的重要性、分类方法等"。

应用：

请为我制作一条关于垃圾分类的短视频文案，文案风格要轻松幽默，适合抖音平台，时长控制在 30 秒以内，包含垃圾分类的重要性、分类方法等。

四、实操演示：用 DeepSeek 生成爆款文案

1. 步骤一：明确目标

以制作一条关于城市旅游宣传的短视频为例，我们的目标是吸引更多游客关注这座城市，展示城市的特色景点和文化底蕴。

2. 步骤二：设计提示词

请制作一条关于＿＿＿＿＿＿＿＿（城市名称）旅游宣传的短视频文案，文案风格要生动形象，适合抖音平台，时长控制在 1 分钟以内，包含城市的主要景点、特色美食、文化底蕴等。

3. 步骤三：生成文案

将提示词输入 DeepSeek，生成文案初稿。

输出：

宝子们，今天带你们打卡_____（城市名称）这座充满魅力的城市！这里有古老的_____（景点名称），让你感受历史的厚重；有美味的_____（特色美食），让你舌尖上的味蕾绽放。_____（城市名称），等你来探索！

4. 步骤四：优化文案

根据生成的文案初稿，进行优化，使其更加符合平台风格和受众喜好。

优化后输出：

宝子们，今天必须"安利"给你们一个超棒的城市_____（城市名称）！这里的_____（景点名称），仿佛穿越回了古代，一砖一瓦都诉说着历史的故事。还有那_____（特色美食），一口下去，简直让人欲罢不能！_____（城市名称），绝对是你不容错过的旅游胜地，快来打卡吧！

通过以上步骤，官方媒体运营者可以利用 DeepSeek 更好地运营官方短视频账号，创作出优质、有吸引力的短视频文案，提升官方媒体的影响力和传播力。

DeepSeek 在民生领域的应用

一、智能问答与咨询服务

政策智能问答：某市依托 DeepSeek 构建政策智能问答系统，能够快速解析用户提问，结合行业知识库生成标准化答复，减少了人工客服工作量，提升了市民获取政策信息的效率。

智能客服系统：某市的 DeepSeek 智能客服系统可以为市民提供 24 小时的在线咨询服务，解答市民的各类问题，提升了服务质量。

二、民生诉求处理

诉求分类与分拨：某市某区通过 DeepSeek 将民生诉求分拨准确率从 70% 提升至 95%，减少了重复工单。某市 12345

政务服务便民热线接入 DeepSeek 后，能够实现智能工单分类、智能工单转派等功能，确保热线打得进、接得好、能转办。

诉求智能匹配：某市某区借助 DeepSeek 的"一句话找人 / 找视频"功能，结合 23 万路摄像头，已成功找回走失人员 300 余次。

三、医疗领域辅助

辅助诊断：DeepSeek 能够深入分析病历、医学影像等数据，辅助医生进行疾病诊断和治疗。例如，通过深度学习技术，DeepSeek 可以预测疾病概率，并为医生提供直观的用户界面以分析实验室结果和患者数据。

医疗资源调配：基于 DeepSeek 的时间序列分析模型，可以预测区域门诊量峰值，优化医院排班和药品库存管理。

四、智能办业务

智能填单与审批：易联众的"智能办"产品借助 DeepSeek 实现"一句话业务经办"，用户通过语音或文字描述需求，系统自动提取关键信息生成电子表单，并与后台审批系统联动，实现

"即问即办"。

五、民意速办

智能分类分拨：某市某新区的"民意速办"平台借助 DeepSeek 的智能分类分拨功能，快速调用事项职责清单及知识库，大幅度提升了派单一次成功率。

智能分析报告：该平台还利用 DeepSeek 的智能分析报告功能，全面实施关联分析，有序生成民生诉求态势预警。